■ 本著作获得山西省科技攻关项目（2006031027）和山西省留学基金项目（2010044）资助

铅污染土壤的生物修复效应

白彦真 著

中国农业科学技术出版社

图书在版编目（CIP）数据

铅污染土壤的生物修复效应 / 白彦真著 .—北京：中国农业科学技术出版社，2012.7

ISBN 978-7-5116-0985-4

Ⅰ.①铅… Ⅱ.①白… Ⅲ.①铅污染－污染土壤－生物防治 Ⅳ.① X53

中国版本图书馆 CIP 数据核字（2012）第 150473 号

责任编辑 张孝安
责任校对 贾晓红

出 版 者 中国农业科学技术出版社
北京市中关村南大街 12 号 邮编：100081
电 话 （010）82109708（编辑室）（010）82109704（发行部）
（010）82109703（读者服务部）
传 真 （010）82109708
网 址 http://www.castp.cn
经 销 者 新华书店北京发行所
印 刷 者 北京昌联印刷有限公司
开 本 880mm × 1230mm 1 /32
印 张 6.25
字 数 160 千字
版 次 2012 年 7 月第 1 版 2013年3月第2次印刷
定 价 30.00 元

前言

近年来，随着铅、砷、镉等重金属对生态环境的污染，恶化了土壤原有的理化性状，使土地生产力减退、产品质量恶化，并对人类和动植物造成严重危害，这种受污染的土地，犹如隐形杀手，已成为整个社会无法回避的问题。中国拥有占世界 1/5 的人口，却只有占世界 7% 的耕地，伴随城市化和工业化的加速，中国的耕地面积迅速锐减，同时，土地资源的生态环境面临着不断恶化的威胁。据估计，目前，中国受污染的耕地面积已达 2 000 万 hm^2，每年出产重金属污染的粮食约 1200 万 t，造成的经济损失超过 25 亿美元。中国环境监测总站的资料则显示，中国重金属污染中，铅污染已成为最严重的污染之一。如不及时采取科学有效的防治措施，中国受污染的耕地面积将进一步扩大，其生态环境的稳定性将处于极其危险的境地。

为缓解土壤重金属污染问题，国内外专家曾采用非毒性改良剂法、深耕法、排土法和客土法以及化学冲洗等方法，但由于上述方法自身的局限性，都未能得到理想的治理效果。近年来，重金属污染的生物修复技术正在兴起。生物修复技术是利用特定的生物将重金属吸收、转化、降解、富集和转移，进而恢复土壤系统正常生态功能的过程，是实现环境净化、生态效应恢复的有效措施，是重金属污染土壤的环境友好型治理技术。与传统的物理和化学方法相比，生物修复技术具有成本低、来源广、无二次污染的特点。其中，应用较为广泛，治理效果显著的是植物修复、微生物修复、植物和微生物联合修复。

在查阅大量重金属修复资料的基础上，结合笔者近年来的试验研究，出版本专著，以期为重金属污染土壤的生物修复提供一定的理论指导和科学依据。

本书上篇主要介绍铅污染土壤的植物修复效应；下篇主要介绍铅污染土壤的微生物修复效应。第一章铅污染土壤的植物修复进展：主要介绍目前土壤铅污染及其修复植物的现状，铅在土壤中的迁移及对植物的影响，植物对铅的吸收及其耐性机制，影响植物吸收铅的因素及目前的修复技术。第二章铅对植物生长发育及生理性状的影响，主要介绍铅对植物生长及铅对植物生理性状的影响。第三章铅对植物养分吸收及分布的影响：主要介绍铅对植物氮、磷、钾含量及分布的影响。第四章不同铅浓度下植物对土壤生物活性的影响：主要介绍不同铅浓度下，植物对土壤细菌、真菌和防线菌数量的影响；介绍植物对土壤过氧化氢酶、脲酶和碱性磷酸酶活性的影响。第五章植物对土壤铅形态的影响：主要介绍植物对土壤交换态铅、碳酸盐结合态铅、铁锰氧化物结合态铅、有机结合态铅、残渣态铅和全铅含量以及土壤铅形态的影响。第六章铅对植物铅含量的影响：主要介绍铅对植物铅含量及分布的影响。第七章重金属污染土壤的微生物修复进展：主要介绍重金属污染微生物修复机制，微生物修复和微生物—植物修复重金属污染土壤的技术及存在问题。第八章耐铅菌株对铅的吸附：主要介绍耐铅菌株的吸附试验研究。第九章耐铅菌株对生菜的生物效应：主要介绍耐铅菌株对生菜生物量、品质、养分含量及分布、铅含量及分布的影响。第十章耐铅菌株对高粱的生物效应：主要介绍耐铅菌株对高粱生物量、叶绿素含量和铅含量及分布的影响。

本书得到山西省科技攻关项目（2006031027），山西省留学基金项目（2010044）的资助！特别感谢山西农业大学谢英荷教授对本书撰写的悉心指导！限于学识和文字水平，不足之处在所难免，恳请读者批评指正！

白彦真

2012 年 5 月于太谷

目　录

上篇　铅污染土壤的植物修复效应

下篇 铅污染土壤的微生物修复效应

上篇

铅污染土壤的植物修复效应

第一章

铅污染土壤的植物修复进展

第一节　土壤污染及土壤铅污染现状

一、土壤污染

土壤是人类赖以生存和发展的物质基础，在正常情况下，物质和能量在环境和土壤之间不断进行交换、转化、迁移和积累，处于一定的动态平衡状态中，不会发生土壤环境的污染。但是，随着人类社会对土壤需求的扩展，土壤的开发强度越来越大，向土壤排放的污染物也成倍增加。当污染物的数量和排放速度超过了土壤的自净作用的速度，就打破了土壤环境中的自然动态平衡，会导致土壤酸化、板结。土壤环境质量恶化，并因污染物的迁移转化，会引起作物减产、农产品质量降低，通过食物链进一步影响鱼类、野生动物、畜牧业和人体健康。

土壤污染的影响直接涉及人类的各种主要食物来源，与人类生活和健康的关系极为密切。人们对土壤污染有不同的看法。一种看法认为，由于人类的活动向土壤添加有害物质，此时土壤即受到了污染。此定义的关键是存在可鉴别的人为添加污染物，可视为“绝对性”定义。另一种是以特定的参照数据来加以判断的、以土壤背景值加二倍标准差为临界值，如超过此值，则认为该土壤已被污染，可视为“相对性”定义。第三种定义，不但要看含量的增加，还要看后果，即当加入土壤的污染物超过土壤的自净能力，或污染物在土壤中的积累量超过土壤基准量，而给生态系统造成了危害，此时才能被称为污染，这也可视为“相对性”定义。这三种定义的出发点虽然不同，但有一点是共同的，即认为土壤中某种成分的含量明显高于原有含量时即构成了污染。显然，在现阶段采用第三种定义更具有实际意义。

土壤既是污染物的载体，又是污染物的天然净化场所。进入土壤的污染物能与土壤物质和土壤生物发生极其复杂的反应，包括物理的、化学的和生物的反应。在这一系列反应中，有些污染物在土壤中累积起来，有些被转化而降低或消除了活度和毒性。特别是微生物的降解作用可使某些有机污染物最终从土壤中消失。所以，土壤是净化水质和截留各种固体废物的天然净化剂。

但量变有时会导致质变，当污染物进入量超过土壤的这种天然净化能力时，则导致土壤的污染，有时甚至达到极为严重的程度。尤其是对于重金属元素和一些人工合成的有机农药等产品，土壤尚不能发挥其天然净化功能。

二、土壤重金属污染

土壤重金属污染是指由于人类活动将重金属加入到土壤中，致使土壤中重金属含量明显高于原有含量、并造成生态环境质量恶化的现象。重金属是指比重等于或大于 5.0 的金属，如铁、锰等。砷是一种类金属，但由于其化学性质和环境行为与重金属多有相似之处，故在讨论重金属时往往包括砷，有的则直接将其包括在重金属范围内。由于土壤中铁和锰含量较高，因而一般认为它们不是土壤污染元素，但在强还原条件下，铁、锰引起的毒害也应引起足够的重视。

土壤的重金属污染主要来自灌水（特别是污灌）、固体废弃物（污泥、垃圾等）、农药和肥料，以及大气沉降物等。例如含重金属的矿产开采、冶炼，金属加工排放的废气、废水、废渣；煤、石油燃烧过程中排放的飘尘（含 Cr、Hg、As、Pb 等）；电镀工业废水（含有 Cr、Cd、Ni、Pb 和 Cu 等）；塑料、电池、电子等工业排放的废水（含有 Hg、Cd 和 Pb）等）；采用汞接触剂合成有机化合物（氯乙烯、乙醛）的工业排放的废水；染料、化工、制革工业排放的废水（含有 Cr 和 Cd 等）；汽车废气沉降使公路两侧土壤易受铅的污染；砷被大量用作杀虫剂、杀菌剂、杀鼠剂、除草剂而引起砷的污染；一般说来，用于校正营养缺乏而施入土壤的重金属量很少，不大会引起污染，但重复施用含重金属的无机农药可使重金属的累积量大到足以产生危害。含重金属的某些有机农药在降解后其中的重金属仍留在土壤中。污泥中含有较高的重金属，如利用这些污泥作肥料时，若施用不当，必然会引起土壤污染。

三、土壤铅污染

土壤是人类、动植物和微生物赖以生存的主要自然资源。近几十年来，现代工业的发展和人类自身的活动，使得土壤污染日益严重，其中，重金属污染尤为突出，已经威胁到人类自身的生存和发展。众所周知，铅是分布广、有蓄积的环境污染物，土壤中过量的铅会通过生物链而严重的损害人的神经、消化、免疫和生殖系统，对人类健康造成威胁。

在重金属毒性表中，铅排在常见的具有潜在毒性元素的第三位。近年来，随着现代工农业生产的飞速发展，工业的“三废”、机动车尾气的排放、污水灌溉、农药化肥的使用、固体废弃物的不断增加，导致土壤中铅含量急剧增加，土壤—植物—环境系统中的铅污染问题日趋严峻，从而使农产品的安全生产受到严重威胁。

铅的最基本来源是土壤母质，在地壳中的平均丰度为12.5mg/kg。据中国环境监测总站的报道，沉积页岩和沉积页石灰岩母质中铅含量的自然背景值较高，而酸性火成岩和火山喷发成母质中铅含量的自然背景值较低。在世界范围内，土壤铅含量为3~200mg/kg，平均为35mg/kg。我国国土辽阔，自然条件多变，土壤类型繁多，具有区域性特点。我国表土层铅含量的算术平均值为26mg/kg，95%的变幅范围为10.6~56.0 mg/kg，极大值是1 143mg/kg，极小值是0.68mg/kg。但在被污染的土壤上，每千克土壤含铅量可高达几千甚至上万毫克。

大气沉降是土壤铅污染的主要来源之一。自从1923年开始在汽油中加入铅用作抗爆剂以后，更加速了全球铅的污染。全世界将大约1/10的铅用作汽油防爆剂，日本用去1/5的铅用作防爆剂。Kabata—Pendias和Rendias报道，在靠近公路的某一块土壤铅含量高达7 000mg/kg。管建国等研究了在金属冶炼厂周围和公路两侧200m范围内蔬菜受污染情况，发现所调查的普通叶菜的铅含量均超过国家卫生食品标准。张乃明在测定大气沉降对土壤重金属累积的影响时发现，太原市 TSP 和降尘中的铅含量分别可达到 37.3g/kg 和 60.89g/kg，且年平均输入量为 347.19g/hm^2。同时证明，大气污染严重的区域由沉降输入土壤中的重金属也多。Tiller 和 Milberg 认为，至少有 20% 的汽车尾气排放的铅可散播至 50km 以外。陈维新等研究表明，汽车尾气中 70% 的铅沉降于公路两侧的土壤中。由此可见，因沉降进入土壤中的铅不可忽视，必须严格控制进入大气中的铅，才能避免土壤铅含量持续上升的趋势，才能有效地防治铅污染。

工矿业废水、生活污水未经处理即向外排放，使水体受重金属污染严重。据统计，1959 年，我国废水排放量达 353 亿 t，其中，工业废水 252 亿 t，80% 左右未经浓度直接排入江河湖海。加上我国水资源的分布特点和农业灌溉习惯，大量重金属污染水未经浓度都直接进入到农业土壤。此外，在污水农用造成农业土壤污染的同时，淤泥农用、铅矿的开发、含铅金属的冶炼、含铅化肥和农药的施用等都直接或间接的增加了土壤的铅污染。在蓄电池、印刷、染料、油漆等工业废水中都含有铅，在这些工业废水的沉淀污泥中也含有较高的铅，将这些工业废水及沉淀污泥引入农田，就导致土壤铅污染。

四、路域土壤铅污染

公路更因车流量大、流动性好、扩散面广等特点造成更严重污染，具有代表性。研究表明，公路旁重金属污染主要以铅为主，其次是锌、镉、铬、铜、镍和锰等。铅污染主要与交通量、汽油铅含量、风速风向、沉降量有关，锌、镉、铬和铜污染则是由轮胎摩擦产生的粉尘引起的。

国外早期的研究主要集中在公路旁土壤铅污染方面，20世纪90年代开始重金属复合污染的研究。Benedicte Viard等研究表明，法国A31号公路两侧320m范围内已形成锌、铅和镉的污染，5~20m内呈现最大值，土壤中铅污染最严重，同时公路沿线土壤重金属含量的变化与气候条件，如风、降雨以及交通情况有关。Von Storch等估计，到2010年已有12 600t铅排入大气，其中，因交通引起的占60%。Dliek等发现铜、铅和锌污染与汽车尾气排放有关。I.D. Yesilonis等对巴尔的摩主要道路沿线土壤0~10cm的土样进行分析得出，在100m范围内铜、铅和锌的含量超标，尤其在交通密集地带。

我国对于公路旁重金属污染的研究主要集中在重金属污染的分布、含量变化方面。闫军等研究表明，成雅高速公路两侧距路肩200m范围内大气颗粒物已受不同程度的铅、镉、铜和锌污染，其中重金属含量铅 > 锌 > 铜 > 镉，公路沿线两侧大气颗粒物中的重金属含量随距路肩距离的增加而急剧降低，到距路肩100m处降低趋势逐渐趋于平缓。陈长林等认为，公路两侧土壤重金属污染具有以下特征：①高速公路运营时间长，交通流量大，其两侧土壤受重金属源越强，影响就越严重；②山区公路较平原公路更容易造成两侧土壤的重金属污染，且影响范围更大，污染更重；③受气候的影响，南方地区公路重金属污染较北方地区严重。王成等认为，一定宽度的林带对于降低车辆重金属污染具有显著的作用。刘世梁等研究表明，公路沿线不同土地利用类型下土壤重金属的含量存在较大的差异，但含量的变化趋势较一致，农田土壤重金属含量随距公路距离增加逐渐降低，同时对自然土壤中重金属的影响因子分析得出，影响程度为距离 > 土地覆盖 > 地形 > 土壤。

第二节 铅在土壤中的形态及其迁移

一、铅在土壤中的形态及其转化

在土壤中铅的无机化合物极少数为四价态，主要是以难溶的二价态存在，例如，$Pb(OH)_2$、$PbCO_3$、$Pb_3(CO_3)_2(OH)_2$、PbS 和 $PbSO_4$ 等，这是因为即使可溶性铅的卤化物和溴化物进入土壤，也很快转化为上述难溶的化合物。除无机铅外，土壤中含有少量可多至 4 个 Pb-C 链的有机铅。土壤有机铅以外源铅为主，主要来源是沉陷在土壤中的未充分燃烧的汽油添加剂（铅的烷基化合物）。

迄今，在土壤化学和环境化学研究中，还没有一种方法能够分离出化学上认同的化学形态，往往用各种不同的浸提剂对土壤中的铅进行连续提取，并根据所使用的浸提剂对铅的形态分组。因此，所谓土壤铅的形态都只是操作定义上的形态。一般将土壤中的铅分为水溶态、离子交换态、碳酸盐结合态、铁锰氧化物结合态、有机结合态和残留态等。因浸提剂系列的组成和浸提方法不同，上述分组方式也有变化。水溶态，离子交换态的铅在土壤环境中最为活跃，活性大，毒性也强，易被植物吸收，也容易被吸附，淋失或发生反应转化为其他形态。残留态的铅与土壤结合最牢固，用普通的浸提方法不能从土壤中提取出来，它的活性最小，几乎不能被植物吸收，毒性也最小。

影响土壤中铅形态的转化因素主要是Eh值和pH值，C·N·莱蒂（C.N.Reddy）等发现，随着土壤Eh值的升高，土壤中可溶性铅的含量降低。其原因是由于氧化条件下土壤中的铅与高价铁、锰的氢氧化物结合在一起，降低了可溶性的缘故。土壤中的铁与锰的氢氧化物，特别是锰的氢氧化物，对Pb^{2+}有强烈的专性吸附能力，对铅在土壤中的迁移转化，以及铅的活性和毒性影响较大，它是控制土壤溶液中Pb^{2+}浓度的一个重要因素。

土壤pH值对铅在土壤中的存在形态影响也很大。一般可溶性铅在酸性土壤中含量较高。这是由于酸性土壤中的H^+可以部分地将已被化学固定的铅重新溶解而释放出来，这种情况在土壤中存在稳定的$PbCO_3$时尤其明显。土壤中的铅也呈离子交换吸附态的形式存在，其被吸附的程度取决于土壤胶体负电荷的总量，铅的离子势，以及原来吸附在土壤胶体上的其他离子的离子势。

二、铅在土壤中的迁移

由于铅在土壤中的形态不同，故在土壤中的迁移转化形式也各异。

（一）机械迁移

在土壤中以矿物存在的铅或被吸附于悬浮物上的铅，可随土壤水分的移动而机械迁移。其中，大于土壤孔隙的固态颗粒被阻留于土壤上层，小于土壤孔隙的固态颗粒被淋滤于土壤下层。显然，土壤颗粒愈细，排列愈紧密，孔隙度愈小，其阻留悬浮物和固态矿物质的能力就愈大。

（二）物理化学迁移

土壤铅的物理化学迁移是由土壤胶体对铅阳离子的吸附作用所引起的。被土壤胶体所吸附的铅可与土壤溶液中的其他金属离子发生交换作用（代换吸收作用）而使铅元素产生迁移。土壤胶体分为无机胶体和有机胶体及有机–无机复合胶体，它们对土壤中的铅都有一定的代换吸收作用。

（三）化学迁移

土壤重金属的化学迁移是指铅的难溶性电解质在土壤固相和液相之间的离子多相平衡中所产生的迁移。当溶液中铅离子的浓度小于铅的溶度积常数（Ksp）时，为不饱和溶液，此时溶液中无沉淀生成或使原有沉淀溶解；当溶液中离子的浓度积等于溶度积常数时，为饱和溶液，此时无沉淀生成，也无沉淀溶解。只有当溶液中的离子浓度积大于溶度积常数时，才会有沉淀生成。

（四）生物迁移

铅在土壤中的生物迁移，主要是指土壤溶液中某些形态的铅（水溶态，弱酸态和代换态）被植物根系吸收而转移至植物体中。这些铅会在植物体的不同部位（如茎、秆、籽粒等）积累，当植物残体再度进入土壤时，植物体内所积累的铅元素又会在土壤表层富集。生物迁移过程中的铅还会通过食物链而进入人体，造成人体健康的损害，所以，铅元素的生物迁移与人体健康密切相关。

第三节　铅对植物的影响

植物根系的生长介质中存在过多的铅时，对根系直接产生毒害作用，抑制根系生长，导致根系生物量和体积下降。Mukherji S 等研究发现，铅干扰小白菜根的细胞分裂，抑制根系生长发育，从而使根系生物量和体积下降。根系生长发育受阻，相应地会影响根系的生理生化活动。生长在镉、铅胁迫环境中的植物，直接受害的器官是根系，在形态上表现为侧根数目减少，根系生物量和体积下降，根系生长发育受阻，根系不发达。已知铅与锰、锌具有接近相等的离子半径和相同的价态（+2 价），化学上具有相似性，铅、锰、锌在根的表面有类似的吸收位点，它们之间易发生拮抗作用，即存在竞争吸收，根中铅含量增加，占据了大量吸收位点，从而影响了对锰、锌的吸收，而且铅含量越高，占据的位点越多，对锰、锌的吸收就越少，含量就越低。

赵可夫等向含镉的培养液加入铅后，根中可溶性蛋白质含量比不加时下降要快得多，说明铅与镉一起参与对蛋白质的破坏作用，因为植物在逆境条件下，体内蛋白质含量降低了小分子的有机化合物如氨基酸的积累。通过 Pb^{2+} 和 Cd^{2+} 胁迫高羊茅初期生长生态效应的研究表明：Pb^{2+} 胁迫下的株高生长有不同程度正向效应，对其他测定指标在低浓度下正向效应明显，出现峰值；越过峰值则随着浓度增加其抑制生态效应也愈加显著，各指标与胁迫浓度呈极显著负线性关系，且相关系数均达到显著水平（$r>-0.9100$），生长生态抑制效应表现在对根系及单株净初级生产量指标上尤其显著；表明高羊茅对 Pb^{2+} 与 Cd^{2+} 污染胁迫有着相对较低的生态阈限值。李玉红等试验了 EDTA、柠檬酸、草酸作为调控物质对水稻吸收铅的影响，认为柠檬酸和草酸抑制了土壤中铅的活化，使有效态铅含量下降，柠檬酸使水稻籽实中的铅含量下降 53%~66%，而草酸使水稻籽实中的铅含量下降 64%~72%。

第四节　植物对铅的吸收及其耐性机制

一、植物对铅的吸收

根系是植物直接接触土壤的器官，也是植物吸收重金属的主要器官。铅到达根表面，主要有两条途径：一是质体流途径，即污染物随蒸腾拉力，在植物吸收水分时与水一起达到植物根部；另一条途径是扩散途径，即通过扩散而到达根表面。根系对铅的吸收在前期是以表面吸附为主，吸附能力大小可能与根系的吸附表面、吸附位点、平衡浓度有关。溶液中铅浓度越高，根系吸附量相对越多。在铅被吸附到根表面后，主要是细胞的吸收过程和化学沉淀过程，该过程只有活细胞才能进行。到达植物根表面的铅进入植物体，有主动吸收，也有被动吸收。

铅一旦进入根系，可贮存在根部或运输到地上部。从根表面吸收的铅能横穿根的中柱，被送入导管，进入导管后随蒸腾流被动运输到地上部。一般认为，穿过根表面的铅离子到达内皮层有两条途径：一是质外体途径，即铅离子和水在根内横向迁移，到达内皮层是通过细胞壁和细胞间隙等质外体空间；二是代谢性的共质体途径，是一种代谢性的主动吸收过程，由 ATP 酶和酸性磷酸酶提供能量，通过细胞内原生质流动和通过细胞间相连接的细胞质通道。但由于内皮层上有凯氏带，铅离子不能通过，只有转入共质体后，才能进入木质部导管。

Wozny 等认为，铅进入中柱后随蒸腾流被动运输到地上部，运输过程中由于铅会与中柱内的阳离子交换位点而被固定在茎部中柱内。根部吸收的铅是植物体内铅的主要来源，其在植物体内的累积与植物体内物质的结合形态有关。进入根细胞后，铅可以游离态存在，当浓度过高的时候，会对细胞产生毒害作用，干扰细胞的正常代谢，因而细胞质中的铅会与细胞质中的有机酸、氨基酸、多肽和无机物等结合，通过液泡膜上的运输体或通过蛋白转入液泡中。因此，植物体内铅的累积分配规律为：根 > 茎 > 叶 > 籽粒。从分子水平来看，胞间隙是富集铅浓度最高的部位，细胞壁和液泡次之，细胞质最低。周鸿等从组织水平探讨了玉米幼根吸收铅及铅的迁移途径，结果表明，到达玉米主胚根的铅大部分被吸附在根表面，进入根的铅总量很少。刘云惠等通过玉米根、茎、叶上的伤流、蒸腾等试验探讨了玉米对铅的吸收及运输机制。其结果也表明，铅在植物体内活性较低，到达根部的铅大部分被固定，向地上部运输的比例较低，玉米吸收铅经共质体途径定向运输进入导管，是一个主动过程；另外，大部分是通过自由铅空间被根吸收。

二、植物对铅的耐性机制

(一)限制铅离子的跨膜运输

土壤中重金属含量过高会限制植物的正常生长、发育和繁殖。但近年来研究发现，在重金属含量较高的土壤中，有些植物呈现出了较大的忍耐性，从而形成耐性群落；或者一些原本不具有耐性的植物群落，由于长期生长在受污染的土壤中，而产生适应性，形成了耐性生态型（或耐性品种）。这表明生长于富含重金属或重金属含量较高的土壤中的植物，本身会发生一系列生理生化以及分子生物学方面的变化，从而形成某种特定的忍耐机制。研究耐性机理就必须弄清植物特定的生理机理、其作用方式和条件。

一些植物可通过根部的某种机制将大量重金属离子阻止在根部，限制重金属向根内及地上部位运输，从而使植物免受伤害或减轻伤害。现已证实，植物可通过限制重金属离子跨膜吸收，降低体内的重金属离子的浓度。何冰等对两种不同生态型的东南景天（*Sedumal fredii*）进行对比研究，发现非生态富集型品种能抑制铅离子的跨膜运输，使其体内铅离子含量较生态富集型要低。有研究表明，植物主要是通过降低重金属向细胞质中运输而解毒。细胞质膜是有机体与外界环境之间的一个界面。因此，细胞质膜的透性大小是决定外界重金属离子能否进入细胞和进入多少的主要因素，而质膜组成是决定质膜透性的关键，所以在重金属污染条件下，植物之间膜组成和变化能力的差异可能是不同植物对重金属耐性不同的原因之一。

（二）根系分泌物对铅的影响

植物可通过根分泌的有机酸等物质来改变根际圈 pH 值、Eh、含水量、有机质和其他养分元素，从而影响根际土壤中重金属的有效化和根系对重金属的吸收，或者通过分泌物中的螯合剂抑制重金属的跨膜运输。在铅胁迫下，植物可反馈分泌一些物质，如柠檬酸、苹果酸、乙酸和乳酸等，这些物质与铅离子形成可溶性络合物抑制铅的跨膜运输，增加铅在根际土壤中的移动性，降低植物周围环境中铅离子的有效含量，减少植物对铅的吸收，避免受害。杨仁斌等指出，有机酸和氨基酸对土壤中重金属铅具有较强的活化效应，其中，柠檬酸、酒石酸和草酸的活化能力最强。Tater 等用铅浓度黄瓜幼苗，其茎部柠檬酸、苹果酸、反丁烯二酸的含量发生变化，说明这几种酸可能与铅结合并参与了铅的运输。其他研究也证实根系分泌物对重金属存在着活化作用。

（三）金属配位体对铅的络合

络合是植物对细胞内重金属解毒的主要方式之一。当部分金属离子穿过细胞壁和细胞膜进入细胞后，能和细胞质中的谷胱甘肽、草酸、苹果酸、组氨酸和柠檬酸盐等小分子物质形成复杂的稳定络合物它们能使重金属的毒性降低。关于金属络合蛋白质解毒机制的研究已有很大进展，主要集中在金属硫蛋白（metallothionein，MT）和植物络合素（phy-tochelatin，PC）两个方面。

MT 是富含半胱氨酸残基的低分子量金属结合蛋白，它对铅的络合作用可使细胞质内游离铅的浓度降低。李铉等对金属硫蛋白的 α、β 结构域与铅结合形式及稳定性的研究，揭示

出 α 结构域与铅可产生两种形式的结合物，一种为结合 4 个铅的 MT（铅 4-α-MT），另一种则为结合 7 个铅的 MT（铅 7-α-MT），而 β 结构域与铅反应仅生成一种结合 3 个铅的产物（铅 3-β-MT）。此外，不同的 pH 值条件下，Pb^{2+} 能与 MT 络合成不同的铅 -MT 复合物。总之，MT 是一类由基因编码的低相对分子质量的富含半胱氨酸的多肽，可通过 Cys 残基上的巯基与金属离子结合成低毒或无毒的络合物，从而避免重金属以自由离子的形式在细胞内循环，以减少或消除重金属对细胞的毒害。

PC 是重金属胁迫下植物体内产生的一类结构与金属硫蛋白相似的，由酶催化合成的富含谷胱甘酸的多肽物质。PC 通过 -SH 与金属离子络合后形成无毒的化合物，降低细胞内游离的重金属离子浓度，防止金属敏感酶活性失活，从而能够减轻重金属对植物的毒害作用。Gupta 等研究发现，铅可诱导 Hydrillaverticillata 产生 PC，从而 PC 与铅络合后形成无毒的化合物减少铅对细胞的损伤。Morelli 等和 Pawlik 通过对其他植物的研究也证实了上述情况。另据报道，PC 在植物中主要是作为载体将金属离子从细胞质运至液泡中，并在液泡中发生解离，所以，PC 对重金属毒性的缓解取决于形成复合物的速度或跨液泡膜的转运速度，而非其在细胞中的浓度。

（四）铅离子的区域化分布

植物细胞壁是重金属离子进入的第一道屏障，它的金属沉淀作用是植物耐重金属的原因，这种作用能阻止重金属离子进入细胞原生质，而使其免受危害。已有研究发现，对重金属（尤其是铅）大量沉积在植物细胞壁上，以此来阻止重金属对细胞内溶物的伤害。由于重金属离子被局限于细胞壁上，而不能进入细胞质影响细胞内的代谢活动，使植物对重金属表现出耐性。杨居荣等通过凝胶层析及 HPLC 的分析对黄瓜和菠菜细胞各组分中的铅分布进行研究，结果发现，77%~89% 的铅沉积于细胞壁上。只有当重金属与细胞壁的结合达到饱和时，多余的金属才会进入细胞质。另外，植物还可以利用液泡的区域化作用将重金属与细胞内其他物质隔离开来，并且液泡里含有的各种有机酸、蛋白质、有机碱等都与重金属结合而使其生物活性钝化。

第五节　影响植物吸收铅的因素

一、土壤条件

通常根系周围土壤溶液中的重金属含量是影响其生物有效性的重要因素之一。当土壤溶液中铅浓度增加时，植物吸收的铅也会增多。而重金属含量多少受其在土壤中吸附－解吸、沉淀－溶解和氧化－还原平衡的控制，不同土壤类型上的植物对铅的吸收能力不同。另外，土壤 pH 值、有机质、阳离子交换能力、质地等不仅影响土壤中铅的有效性、也会影响铅在植物体内的形态和迁移。同时，土壤中的一些阴离子也会影响铅的生物有效性。

二、土壤中铅的存在形态

土壤中重金属的形态受土壤物理化学性质的控制。植物吸收铅的量与交换态铅量呈正相关，与总铅量无关。在一定条件下，呈吸附态和沉淀态的重金属可以在土壤溶液之间相互转化。一般 pH 值降低，可使呈吸附态的重金属解吸进入土壤溶液中，从而增加植物对重金属的吸收。但 Harter 指出，铅在土壤中常以专性吸附态形式存在，因此，降低 pH 值并不能有效地增加植物对铅的吸收，而增加土壤有机质含量可使部分呈沉淀态的重金属与柠檬酸和苹果酸络合，转化为有机吸附态被植物吸收利用。

三、土壤中其他元素的影响

土壤中其他元素的存在可与铅发生竞争吸附、拮抗或协同的吸收作用。如在石灰性土壤中，钙与铅竞争而被植物吸收，植物体内钙的含量低时对铅有较大的敏感性。同样，缺磷的土壤，植物对铅吸收显著增加，供磷可以降低土壤中铅对植物的有效性。铅与镉的相互作用研究得较多，土壤中的镉能降低植物对铅的吸收，而铅能促使植物对镉的吸收。夏增禄认为，铅可能是夺取了镉在土壤中的吸附位点而提高了土壤中镉的有效性，或者是取代根中吸附的镉，促进了根中滞留镉的活性，使之进一步向茎叶转移。郑春荣等发现水稻对铅的吸收量和土壤中总铅、铜、锌含量呈正相关，与镉、镍呈负相关。锌能促进铅向叶片传递，硫能抑制铅由根向地上部分运输，因此，缺硫就会大大提高植物地上部铅的含量。

四、植物种类

不同种类或不同基因型的植物吸收铅的能力不同，如三叶草、甜菜和萝卜3种植物对铅的富集量依次为三叶草>甜菜>萝卜。李伟等将金属硫蛋白αα双突变体基因导入矮牵牛，得到了对铅具有高耐受性和吸收能力的转基因植物。Grichko将细菌中的1-氨基环丙烷-1羧酸（ACC）脱氨基酶基因引入到番茄后，分别在启动基因35S、rolD和PRB-1b的控制下，番茄具有了对铅的耐性。

五、其他因素

土壤温度也会影响植物对铅的吸收，温度升高，吸收量增大。施肥也可能影响植物对铅的吸收，如有机肥的施用可降低植物对铅的吸收量，施磷肥也有相似的效果。

第六节　重金属铅污染土壤的修复技术

一、工程修复

土壤铅污染具有隐蔽性、长期性和不可逆性等特点，已经受到广泛关注，铅污染土壤的高效修复技术一直是研究的热点与难点。目前，铅污染土壤的修复技术大体可分为两类：物理化学修复技术和生物修复技术。物理化学修复又可分为客土深耕法、隔离法、淋滤法、固化稳定法、电化学法、氧化还原法、螯合剂法及重金属拮抗法等。生物修复又可分为微生物修复法和植物修复法。

（一）客土深耕法

由于铅污染土壤具有表聚性特征，客土法主要是一种通过移除铅污染土壤的表层土、加入新鲜土以降低土壤中铅的浓度或将表层土深翻至土壤深层以减少污染土壤与植物的接触，从而降低铅污染土壤对植物的毒性的方法。实践证明，换土法是治理农田重金属严重污染的切实有效的方法。例如，在沈阳张士灌区土壤中，56.13% 镉污染累积于土壤表层，去表土 15~30 cm 后种植水稻，可使稻米中镉含量下降 50%。深耕翻土法，即采用深耕将上下土层翻动混合的做法，使表层土壤污染物含量降低，但只适用于土层深厚的土壤且污染较轻，同时要增加施肥量，以弥补因深耕导致的耕层养分的减少。这些措施具有彻底、稳定的优点，但实施工程量大，投资费用高，破坏土体结构，并且对换出的污土要进行妥善处理，防止二次污染。

（二）隔离法

隔离法是采用工程措施，将铅污染土壤与其周围环境进行隔离，减少由于铅的迁移、扩散或渗透等对周围环境产生的污染。该方法适用于大多数重金属污染土壤的治理，具体措施为：以钢筋、水泥等材料，在污染场地四周修建隔离墙体。为减少地表径流或地表水渗滤的影响，还可以在污染场地表面铺设防渗膜，采用水平灌浆的方式在污染土层下方浇注水泥等固化剂。由于成本和操作上的限制，该方法仅适用于污染严重且污染面积较小的场地。

（三）电化学法

国外学者对电化学修复机理做了大量的研究。Diana、Acar、Probstein 和 Alshawabkeh 等，先后总结了电化学修复的基本原理，并建立起重金属污染物在电场作用下的迁移初步模型。尤其是近十几年的电化学修复技术的实践，使其在机理和实践应用方面都取得了发展和完善。电化学修复污染土壤的原理是在土壤 / 液相系统中插入电极，通以直流电，土壤中的污染物在电场、电化学等作用下，发生氧化还原反应，并迁移、富集于阴极区，从而达到去除土壤污染物的目的。在电场作用下，土壤液相将因电渗析作用向阴极迁移；同时，发生离子迁移：阳离子向阴极移动，阴离子向阳极移动，这些过程统称为电化学过程。此技术在欧洲不仅应用于铅污染土壤，同时，也应用于铜、锌、铬、镍和镉等重金属污染土壤的修复。此技术操作简单，安装方便，且技术经济性可行，可将含铅 100mg/kg 的污染土壤去除到 5~10mg/kg 水平。然而，电极对易腐蚀，存在二次污染风险。

（四）热处理法

热处理法适于处理具有挥发性物质污染的土壤，主要用于汞污染土壤的修复。Michael 等向汞污染土壤通入热蒸汽或用电加热的方法，同时，加入添加剂使汞化合物分解，再通入气体使土壤干燥，促使汞从土壤中气化解吸，挥发并回收再处理。应用此法可使沙性土、黏土、壤土中汞含量分别从 15 000mg /kg、900mg/kg、225mg/kg 降至 0.07mg/kg、0.12mg/kg 和 0.15mg/kg，回收的汞蒸气纯度达 99%。此法处理汞污染土壤的效率很高，但易使土壤有机质和土壤水分遭到破坏，而且需消耗大量能量。

二、物理化学修复

（一）淋滤法

淋滤法是采用淋洗液对铅污染土壤进行淋洗，使吸附在土壤颗粒上的铅由固相转移至液相中形成溶解性的离子或络合物，再将淋滤液进行收集，回收提取铅后废液可循环利用。吴龙华研究发现，EDTA 可明显降低土壤对铜的吸收率，吸收率、解吸率与加入 EDTA 量的对数呈 0.05 水平显著负相关。该方法的技术关键是寻找一种既能提取各种形态的重金属，又不破坏土壤结构的淋洗液。中国科学院沈阳应用生态研究所应用 3 级清洗柱的方法对重金属污染土壤进行清洗、过滤，在一定程度上解决了二次污染的问题。冲洗法对于烃、硝酸盐及重金属的重度污染的效果较好，但该法易造成地下水污染及土壤养分流失、土壤变性等，加之设备昂贵，能耗大，因而限制了这一技术的应用。

淋滤法分为原位化学淋滤和异位化学淋滤。原位化学淋滤修复技术要在原地搭建修复设施，包括清洗液投加系统、土壤下层淋出液收集系统和淋出液处理系统；同时，由于污染物在与化学清洗剂相互作用过程中，通过解吸、螯合、溶解或络合等物理化学过程而形成了可迁移态化合物，因此，有必要把污染区域封闭起来，通常采用隔离墙等物理屏障。为了节省工程费用，该技术还应包括淋出液再生系统。

化学清洗液投加系统要根据污染物在土壤中所处的深浅位置来设计，采用漫灌、挖掘或沟渠和喷淋等方式向土壤投加清洗液，使其在重力或外力的作用下穿过污染土壤并与污染物相互作用。既可以采用挖空土壤后再填充多孔介质（粗沙砾）的浸渗沟和浸渗床方式把淋滤液分散到污染区去，也可以采用压力驱动的分散系统加快清洗液的分散。除了要考虑地形因素外，还要人为构筑地理梯度，以保证流体的顺利渗入和向下穿过污染区的速度均一。含有污染物的淋出液可以利用梯度井或抽提井等方式收集。对来自污染土壤的淋出液的处理，石油和它的轻蒸馏产物可采用空气浮选法，如果浓度足够高，对羟基类化合物可以在添加额外的碳源后，采用生物手段处理。重金属污染土壤的淋出液处理则利用化学沉淀或离子交换手段进行。如果系统包括淋出液再生设备，纯化的清洗液就可以再次注入清洗液投加系统而得以循环利用。

原位化学淋滤技术修复污染土壤有很多优点，如长效性、易操作性、高渗透性、费用合理性（依赖于所利用的淋滤助剂），并且适合治理的污染物范围很广。重金属、具有低辛烷/水分配系数的有机化合物、羟基类化合物、低分子量乙醇和羧基酸类比较适合采用这项技术。在美国犹他州希尔空军基地开展的小规模现场试验中，采用清洗液中加表面活性剂十二磺基丁二酸钠的方法去除了土壤中大约 99% 残留的 TCE（trichloroethylene）。此外，土壤淋滤技术最适用于多孔隙、易渗透的土壤，水传导系数 $>10^{-3}$cm/s 的土壤可被推荐采用土壤淋滤技术进行修复。土壤淋滤技术不适用于非水溶态液态污染物、强烈吸附于土壤的呋喃类化合物、极易挥发的有机物以及石棉等。

与原位化学淋滤修复技术不同的是，异位化学淋滤修复技术要把污染土壤挖掘出来放在容器中，用溶于水的化学试剂来清洗、去除污染物，再处理含有污染物的废水或废液；然后，洁净的土壤可以回填或运到其他地点。通常情况下，根据处理土壤的物理状况，先将其分成不同的部分（石块、沙砾、沙、细沙以及黏粒），分开后，再基于二次利用的用途和最终处理需求，清洁到不同的程度。如果大部分污染物被吸附于某一土壤粒级，并且这一粒级只占全部土壤体积的一小部分，那么，可以只处理这部分土壤。

土壤清洗操作的核心是通过水力学方式机械地悬浮或搅动土壤颗粒。土壤颗粒尺寸的最低下限是9.5mm，大于这个尺寸的石砾和粒子才会很容易由土壤清洗方式将污染物从土壤中洗去。适合操作异位土壤淋滤技术的装备应该是可运输的，可随时随地搭建、撤卸、改装，一般采用单元操作系统，包括矿石筛、离心装置、摩擦反应器、过滤压榨机、剧烈环绕分离器、流化床清洗设备和悬浮生物泥浆反应器等。由于其具有灵活方便的特点，更有利于技术推广。土壤异位清洗技术适用于各种类型污染物的治理，如重金属、放射性元素，以及许多有机物，包括石油烃、易挥发有机物、PCBs以及多环芳烃等。在实验室可行性研究的基础上，土壤清洗剂可以依照特定的污染物类型进行选择，大大提高了修复工作的效率。然而，通常来看，土壤异位清洗技术更适合用于污染物集中于大粒级土壤上的情况，沙砾、沙和细沙以及相似土壤组成中的污染物更容易处理，含有25%~30%黏粒的土壤不建议采用这项技术。

美国新泽西州温斯洛镇的污染土壤异位修复，是美国国家超基金项目中一个非常有名的修复实例，也是美国环保局首次全方位采用土壤化学清洗技术成功治理污染土壤的实例。这块$4hm^2$的土地是KOP公司的工业废物丢弃点，周围的土壤和污泥被砷、铍、镉、铬、铜、铅、镍和锌所污染，其中，铬、铜和镍在污泥中的浓度最高值各自均超过了10 000mg/kg。进行土壤化学清洗修复工作后，清洁土壤中的镍平均浓度下降到

25mg/kg，铬下降至 73mg/kg，铜下降为 110mg/kg。

（二）固化稳定化法

固化、稳定化方法是指通过物理、化学的方法，将重金属污染的土壤按一定比例与固化剂混合，经熟化使土壤形成具有一定强度、化学稳定性及低渗透率的固化体，从而降低重金属在环境中的迁移渗透和生物有效性。目前常用于处理重金属污染土壤的固化方法包括水泥等材料固化法、热塑性微包胶处理、玻璃化及微波固化等。固化剂的种类繁多，主要有卜特兰水泥、硅酸盐、高炉矿渣、石灰、窑灰、飘尘、沥青等。不同固化剂及辅助剂组合对重金属污染土壤的固化效果不同。对广西某铅锌矿场重金属污染土壤进行固化处理，表明水泥、粉煤灰、生石灰比例为 2∶1∶1 和 1∶1∶2 的固化剂组合具有很好的固化效果，水泥用量占固化体总量的 30% 时，铅、镉、锌 3 种重金属的固化率均达到 99%。近几年，用于固化和稳定化的新材料研究不断有突破，如在受污染的土壤中添加比例≤ 8% 的凹凸棒土，可以有效固定土壤重金属，尤其是铜、锌、镉，防止重金属进入植物体内。目前，对于重金属污染土壤填埋前的预处理、固化、稳定方法作为一项关键技术被广泛应用。但固化和稳定化方法也存在缺陷。该方法是一种原位修复方法，对土壤扰动较大，易破坏土壤的结构和生产力，且一旦破坏，土壤不易恢复原状。该方法也是治标不治本的方法，经固化和稳定化后的重金属仍留存在土壤中，对土壤和植物仍有潜在威胁。对经固化和稳定化后的土壤生态系统的长期影响仍缺乏深入研究。

（三）氧化还原法

氧化还原法就是在重金属污染土壤中添加氧化还原剂，通过化学反应改变重金属离子的价态，从而降低土壤中重金属的活性和毒性。对于铅污染土壤，常用的还原剂有硫酸亚铁、亚硫酸盐、硫代硫酸钠、亚硫酸氢钠和二氧化硫等。研究表明，施用过磷酸钙、钙镁磷肥、水合氧化锰等也可促进铅的沉淀，减少土壤中的可交换态铅。此方法需注意的是还原剂的选择，如果选择失当，易造成土壤的二次污染。

（四）螯合剂法

在铅污染土壤中施加螯合剂，可提高铅的活性和生物有效性，使其易于流动和吸收，通常与植物修复方法联用。一方面螯合剂对土壤中的铅离子进行活化，另一方面影响植物对铅的吸收和转移。目前，通常使用的螯合剂有两类：一类是人工合成螯合剂，如 EDTA、DTPA、EGTA 和 CDTA 等；另一类是天然螯合剂，如草酸、酒石酸和柠檬酸等。人工螯合剂活化能力较强，天然螯合剂易分解，不会形成二次污染，但活化能力较弱。因此，使用人工螯合剂时需考虑重金属活化后扩散所带来的环境风险。

（五）拮抗法

对于铅污染土壤，可利用一些对人体没有危害的重金属或微量元素通过拮抗作用来减少铅在土壤中的可交换态，抑制植物对铅的吸收。有研究表明，适量的硒对水稻幼苗生长发育有促进作用，且具有拮抗重金属铅伤害的作用。

（六）改良剂法

化学修复就是向土壤投入改良剂，通过对重金属的吸附、氧化还原、拮抗作用，以降低重金属的生物有效性。该技术关键在于选择经济有效的改良剂。常用的改良剂有石灰、沸石、碳酸钙、磷酸盐、硅酸盐和促进还原作用的有机物质。不同改良剂对重金属的作用机理不同。在某些污染土壤中加入石灰性物质，能提高土壤酸碱度，使重金属生成氢氧化物沉淀；施用有机物等促还原物质，改变土壤氧化还原状态，使重金属生成硫化物沉淀；施用磷酸盐类物质可使重金属形成难溶性磷酸盐。廖敏等研究发现，在低石灰水平下，土壤有机质的羟基、羧基与 OH^- 反应，促使土壤可变电荷增加，有机结合态的重金属增多，并且 Cd^{2+} 与 CO_3^{2-} 结合生成难溶于水的 $CdCO_3$。在沈阳张士灌区的试验表明，土壤中施 1 500~1 875kg/hm^2 石灰，籽实含镉量下降 50%。施用改良剂的方法在短期内能够降低土壤中重金属的毒性和生物有效性，但就修复后土壤的长期有效性和生态系统的长期稳定性来说，还缺乏深入细致的研究。此外，该方法是一种原位修复方法，重金属仍存留在土壤中，易再度活化危害植物，其潜在威胁并未消除。

三、植物修复

重金属污染的土壤，不仅使土壤肥力减退，作物产量与品质降低，而且水环境恶化。对于土壤污染的修复技术与方法，国外自 20 世纪 70 年代末至 80 年代初已开始研究，但所采用的修复重金属污染土壤的物理或化学的方法，不仅价格昂贵，难以大规模治理，而且会导致土壤结构破坏，土壤生物活性下降和土壤肥力退化。植物修复法作为生物修复法的一种，不仅较物理、化学方法经济，同时也不易产生二次污染，更适于大面积土壤的修复。

广义的植物修复技术指利用植物吸收、挥发或固定土壤中的重金属，降低其含量或有效态含量，减低其对生物的危害。包括植物萃取技术、植物固化技术和植物挥发技术。狭义的植物修复技术主要指利用植物去除污染土壤中的重金属，即植物萃取技术。植物修复技术的类型很多，目前成熟的类型主要有下面几个。

（一）植物萃取及超富集植物

植物萃取技术又叫植物提取技术，是植物修复的主要途径。它是指将特定的植物（超富集植物或富集植物）种植在重金属污染的土壤中，植物（特别是地上部）吸收、富集土壤中的重金属元素后，将植物进行收获和妥善处理，达到治理土壤重金属污染的目的。广义的植物萃取技术又分为持续植物萃取和诱导植物萃取。持续植物萃取指利用超积累植物来吸收土壤重金属并降低其含量的方法。而诱导植物萃取是指利用螯合剂来促进普通植物吸收土壤重金属的方法。通常所说的植物萃取技术是指持续植物萃取。适合于植物萃取的理想植物称为超累积植物。目前，常用植物包括各种野生的超积累植物及某些高产的农作物，例如，芸薹属植物（印度芥菜等）、油菜、杨树和苎麻等。

筛选超富集植物是植物修复的基础，土壤重金属污染植物修复成功与否的关键在于超富集植物的选择。对于超富集植物来说，即使在外界重金属浓度很低时，其体内重金属的含量仍比普通植物高10倍甚至上百倍。例如，对于Cr超富集植物而言，Chaney等（1997）认为，生长在被Cr污染的土壤里的植物，如果其地上部分富集Cr达到1 000mg/kg以上，且地上部分富集的Cr多于根部，则该植物称为Cr超富集植物，目前，被广泛应用于Cr污染生态修复中的3种超富集植物*Dicoma niccolifera*、*Suterafodina*和*Convolvulus arvensis*地上部分富集Cr的最大量分别为1 500mg/kg、2 400mg/kg和2 100mg/kg（Gardea Torresdey *et al*., 2004），均达到Cr超富集植物的水平，是土壤Cr污染修复的较为理想的植物。对土壤Cr污染富集效果明显的植物还有遏蓝菜（*Thlaspicaerulescens*）（Wang *et al*., 2004；韩璐等，2007）；张学洪等（2006）在广西壮族自治区某电镀厂附近调查野外湿生植物时，发现了Cr超积累植物李氏禾（*Leersia hexandra*），叶片平均Cr含量达1 786.9 mg/kg，叶片与根际土壤中Cr含量之比为56.83。此外，陈同斌等（2002）于1999年首次报道了蜈蚣草（*Pteris vittata*）能大量富集As的研究结果，同时，分析了该植物不同器官对重金属的富集量，发现蜈蚣草不同器官组织中As的含量为羽片 > 叶柄 > 根系，说明As在该植物体中容易向上运输和富集，显示出蜈蚣草对As有极强的耐性和独特的富集能力。

研究证实，某一类植物可能对一些重金属具有明显的富集作用。如景天属中的一些植物具有较强的富集重金属的能力，试验表明，东南景天（*Sedumal fredii*）不仅能忍耐高浓度Zn/Cd复合污染，还对其具有超量积累的能力，对Zn/Cd的吸收量随着Zn/Cd浓度水平的提高而增高（叶海波等，2003）。Sun等（2007）研究发现，生长在含Cd矿渣土壤里的东南景天植株茎和叶中Cd含量明显高于根部，而生长在非Cd矿区的东南景天植株根部Cd含量则明显高于茎叶中的含量，从而证实东南景天对 Cd 也有较强的富集作用。

此外，生长在被重金属污染土壤上的植物也是被研究的重点之一。生长在矿区的成年期的柳树（*Salix caprea*）和欧洲山杨（*Populus tremula*）的叶子能积累大量 Cd 和 Zn，柳树叶里的 Cd 和 Zn 浓度达到 116mg/kg 和 4 680mg/kg，还发现土壤质地是影响树叶重金属含量的主要因素之一（Unterbrunner *et al.*，2007）。土壤 pH 值是影响植物富集 Cd 的最重要因素，低 pH 值有助于植物富集 Cd，磷酸盐和 Zn 的存在则抑制 Cd 的富集（Kirkham，2006）。对生长在矿渣区的植物 *Hyparrhenia hirta* 和 *Zygophyllum fabago* 研究发现，它们能富集 Pb 和 Zn，*H. hirta* 根部能富集 150 mg/kg 的铅，*Z. fabago* 幼芽能富集 750 mg/kg 的 Zn；种植这 2 种植物的土壤的电导率都是 4 dS/m，对照（即没有种植植物的土壤）的电导率是 8 dS/m，表明那些能耐受高电导率的植物才可以生长在矿渣区，并且可以降低土壤的电导率，从而一定程度上修复矿区的土壤，减少矿区的水土流失（Conesa *et al.*，2007）。

重金属复合污染的超富集植物筛选是目前土壤植物修复一个重要研究方向。例如，印度芥菜（*Brassica juncea*）可同时积累高浓度的 Pb、Cr、Ni、Cd、Zn、Cu 和 Se 等，在重金属污染土壤植物修复中被广泛应用（US EPA，2001；蒋先军等，2002；Quar-tacci *et al.*，2005）。田胜尼等（2004）通过与鹅冠草（*Roegneria komoji*）的比较认为，香根草（*Vetiveriazi-zanioiaes*）无论是对 Cu、Pb、Zn 单一污染还是复合污染都有较好的修复功能。杨兵等（2005）也验证了香根草对 Pb、Zn 尾矿的修复作用。由于土壤污染大多是几种重金属的复合污染，因而筛选出能修复复合污染土壤的植物更具有现实意义。目前，主要用于去除污染土壤中的重金属，如铅、镉等。但是，目前发现的超累积植物生长缓慢、生物量小，使其对污染土壤的修复效果不能得到很好的发挥。

（二）植物固化

植物固定技术指通过植物根系的吸收、沉淀或还原作用，使金属污染物惰性化，转变为低毒性形态，从而固定于根系和根际土壤中。在这一过程中，土壤中的重金属含量并不减少，只是形态发生变化。适用于固定污染土壤的理想植物，应是一种能忍耐高含量污染物、根系发达的多年生常绿植物。这些植物通过根系吸收、沉淀或还原作用可使污染物惰性化。如植物通过分泌磷酸盐与铅结合成难溶的磷酸铅，使铅固定，从而降低铅的毒性。六价铬具有较高的毒性，而三价铬非常难溶，基本没有毒性。植物能使六价铬转变为三价铬，使其固定。当然，植物枝条部位的污染物含量低更好，因为这样可以减少收割植物枝条等器官并将其作为有害废弃物浓度的必要性。植物固定技术对废弃场地重金属污染物和放射性核素污染物固定尤为重要，原地固定这两类污染物是上策，可显著降低风险性，减少异地污染，而能够固定土壤中重金属的植物又称为排异植物。

排异植物一词最早报道于 1981 年，当时 Baker 根据植物对重金属的不同响应将植物分为富集植物、指示植物和排异植物 3 种类型。他认为，排异植物对重金属的积累特征为，在一定污染水平范围内，植物地上部重金属含量较低并基本上是稳定不变的，但当土壤中重金属含量超过某一临界含量时，植物地上部重金属含量会急剧增加。目前，发现的排异植物也比较有限。排异植物筛选方法与超积累植物筛选方法基本相同，如 Poschenrieder 等利用采样分析方法从 32 种植物中筛选出了铜排异植物 *Hyparrhenia hirta*；Seregin 等采用营养液培养利用组织分析法则鉴定出玉米是镍排异植物；Brewin 等利用采样分析与盆栽相结合的方法筛选出铜排异植物 *Armeria maritima*。Wei shu-he 等利用室外盆栽模拟试验在未污染区从杂草植物中筛选出镉排异植物月见草，同时发现，月见草对镉耐性较强。

排异植物对重金属污染土壤的修复虽没有超积累植物对污染土壤修复的彻底。但如果能够将重金属排异基因转移到作物体内，则排异作物便可以在重金属污染土壤上正常生长，安全生产农产品，对难以根治的重金属污染土壤既起到保护环境的作用，又对污染土壤加以开发利用，可谓一举两得。其实，这种具有重金属排异作用的作物即使不用于污染土壤的生产，由于排异作物本身可以对重金属的转移进行限制，对其农产品品质也会起到保护作用，这对于日益严重的土壤污染条件下的农业质量安全生产具有重大意义。

（三）植物降解

利用植物根际分泌出的一些特殊化学物质，使土壤中的重金属转化为毒性较低或无毒物质的理想植物，应是一种能忍耐高浓度重金属、根系发达的多年生常绿植物。这些植物通过根系分解、沉淀、螯合、氧化还原等多种过程使重金属惰性化。通过对小麦根际土壤低分子量有机酸与 Cd 的生物积累的研究，证实了植物可以通过分泌有机酸来复合或螯合溶解土壤中的 Cd（万敏等，2003）。有机化合物在植物耐重金属毒害中的作用早有许多报道，Ni 超富集植物比非超富集植物具有更高浓度的有机酸（Brooks *et al.*，1981）。重金属与各种有机化合物络合后，能降低自由离子的活度系数，减少其毒害。

叶春和（2002）研究了紫花苜蓿（*Medicago sativa*）对 Pb 污染土壤的修复及活化机理，从 X-ray 微区分析结果看出，细胞间隙 Pb 含量最高，细胞壁和液泡次之，胞质中最低；Pb 在紫花苜蓿体内主要以难溶的形式存在，紫花苜蓿对 Pb 的耐受与植物络合素的形成有关。由于紫花苜蓿生物量高，所以，紫花苜蓿可以当作是土壤 Pb 污染的一种理想修复植物。

Cr^{6+} 具有较高的毒性，而 Cr^{3+} 非常难溶，毒性低。利用一些植物可以将 Cr^{6+} 还原 Cr^{3+}，从而降低其毒性（Salt *et al*，1995）。水葫芦（*Eichhirniacrasslpes*）根部可以解毒 Cr^{6+} 为 Cr^{3+}，解毒后的 Cr^{3+} 可以迁移到叶组织（Lytle *et al.*，1998）。吸收 Cr^{6+} 的植物一般都是喜 S 植物，如花椰菜（*Brassica oleraceae*）、甘蓝（*Brassica* spp.）可能是因为铬酸盐和硫酸盐离子在化学性质上的相似性有关（Zayed *et al.*，1998）。Cr^{6+} 还原过程主要发生在植物组织内部，可能是通过 Fe^{3+} 还原酶催化完成的，这一机理还有待于深入研究。

（四）植物挥发

植物挥发技术指通过植物的吸收，促进某些重金属转移为可挥发的形态（气态），挥发出土壤和植物表面，达到治理土壤重金属污染的目的的过程。如硒、砷、汞通过甲基化可挥发。有人研究了利用植物挥发技术去除污染土壤中的重金属汞，即将细菌体内的汞还原酶基因转入拟南芥植株，使植株的耐汞能力大大提高。通过植株的还原作用使汞从土壤中挥发，从而减轻土壤汞污染。

四、植物—化学修复

在污染的土壤中，大多数重金属离子处于固相中，被吸附在土壤颗粒表面，并且结合得非常牢固。化学方法可以打破这种状态，将处于固相的重金属转化为植物可富集的处于液相的金属离子。植物修复与化学方法的结合原理就是扰动重金属在土壤液相浓度和固相浓度之间的平衡。因此，对许多植物而言，需要向土壤中添加移动剂以增加土壤溶液中的金属浓度，进而促进植物对金属的吸收和富集（Komárek *et al*., 2007）。Peńalosa 等（2007）研究了几种促进羽扇豆（*Lupinuspoly phyllus*）修复土壤重金属污染的因素，结果发现，螯合剂 NTA（三乙酸腈）能够促进金属离子（Fe、Mn、Cu、Zn、Cd）迁移，促使羽扇豆所含的金属离子浓度升高，尤其是 As、Cd 和 Pb 浓度增加更明显。采用这种方法时，需要注意螯合剂的用量，以免造成二次污染。通过聚合酶链式反应（PCR-DGGE）研究发现，与对照（不含螯合剂）相比，生长在含葡萄糖和柠檬酸螯合剂的土壤（Cu 浓度 317mg/kg）里的植物海州香薷（*Elsholtzias plendens*）根际生物量没有差别，表明该螯合剂没有影响根际生物多样性；将海州香薷和白三叶（*Trifolium repens*）2 种植物种植在含 Cu 的沙壤土里，向土壤里分别施加柠檬酸、葡萄糖之后，海州香薷幼芽根部 Cu 的浓度分别是白三叶（不能富集 Cu）的 1.9 倍和 2.9 倍；并且，不管是否种植植物，土壤施加了葡萄糖或柠檬酸之后，都使得可被富集的 Cu 浓度增加，降低土壤 Cu 含量（Chen *et al.*，2006）。Cao 等（2007）采用了容易被生物降解的螯合剂 EDDS 和 MGDA，来促进植物紫茉莉（*Mirabilis jalapa*）对 Pb 和 Zn 吸收。

第二章

铅对植物生长发育及生理性状的影响

第一节　铅对植物生长的影响

陈怀满等研究表明，一定程度铅胁迫，还会影响种子萌发、延迟种苗生长，使植物生物量降低。研究表明，高浓度的铅可以引起水稻种子萌发率降低 14%~30%，并使种苗的生物量减低了 13%~40%（Verma and Dubey，2003）。通过对车前草（*Plantagomajor* L.）的研究发现，在 500mg/kg 和 2 000mg/kg 铅水平污染土壤中，植物干重相比对照下降了 70% 和 54%（Kosobrukhov *et al*.，2004）。但是，在特定情况下，有些植物组织干重也有可能增加。Wierzbicka 和 Obidzinska（1998）在研究中发现，外源性的铅胁迫，导致植物细胞壁的多糖合成受到刺激，使得植物干重相比对照显著增加。

取自山西省道路两旁分布较广、生长较快的杂草和广泛栽培的牧草共 14 种，名称如表 2–1 所示，种植于铅污染土壤中，60d 收获后测定其生长等各项指标。铅化合物类型为［Pb（$OAc_2 \cdot 3H_2O$］（分析纯），铅的浓度梯度为 0mg/kg、500mg/kg（GB15618–1995）、1 000mg/kg 和 1 500mg/kg。

表 2-1　14 种草本植物的名称、类型和获取方式

物种	科名	类型	获取方式
鸭茅 *Dactylis glomerata* YM	禾本科	多年生牧草	购买
虎尾草 *Chloris virgata* HW	禾本科	一年生杂草	采集
藜 *Chenopodium album*（LI）	藜科	一年生杂草	采集
新麦草 *Psathyrostachys juncea*（XM）	禾本科	多年生牧草	购买
紫菀 *Aster tataricus*（ZY）	菊科	多年生杂草	采集
反枝苋 *Amaranthus retroflexus*（FZ）	苋科	一年生杂草	采集
绿叶苋 *Amaranthus tricolor* of “green leaf”（LY）	苋科	一年生牧草	购买
红叶苋 *Amaranthus tricolor* of “red leaf”（HY）	苋科	一年生牧草	购买
苍耳 *Xanthium sibiricum*（CE）	菊科	一年生杂草	采集
狗尾草 *Setaria viridis*（GW）	禾本科	一年生杂草	采集
鬼针草 *Bidens pilosa*（GZ）	菊科	一年生杂草	采集
紫花苜蓿 *Medicago sativa*（ZH）	豆科	多年生牧草	购买
鲁梅克斯 K-1 杂交酸模 *Rumex patientia* × *R.tianschanicus* cv.Rumex K-1（SM）	蓼科	多年生牧草	购买
高丹草 *Sorghum bicolor* × *S.sudanense*（GD）	禾本科	一年生牧草	购买

一、不同铅浓度对植物株高的的影响

植物株高列于表 2-2。由表 2-2 可知，不同植物在铅胁迫下，外部形态特征存在明显差异。随着铅浓度的增加，鸭茅、虎尾草的株高先降低、后增高，各浓度之间变化幅度不一，与对照相比，分别在 0.8~1.0cm 和 3.0~5.0cm。藜、新麦草为先增高、后降低，最大株高出现在低铅浓度 500mg/kg，各浓度之间植株变化幅度不大，与对照相比，分别在 0.4~3.5cm 和 0.2~4.7cm。随着铅浓度的增高，紫菀的株高呈先升高、后降低、又升高的趋势，在低铅浓度 500mg/kg 时，

表 2-2　铅胁迫下 14 种草本植物的株高（cm）

物种	浓度（mg/kg）			
	CK	500	1 000	1 500
鸭茅 YM	31.5 ± 1.5a	30.5 ± 2.9a	32.3 ± 1.6a	32.5 ± 1.9a
虎尾草 HW	23.5 ± 1.6a	24.5 ± 3.4a	23.7 ± 2.7a	25.5 ± 1.7a
藜 LI	23.5 ± 0.7b	28.4 ± 1.2a	28.4 ± 2.4a	30.0 ± 2.4a
新麦草 XM	19.3 ± 1.1a	20.0 ± 3.4a	20.5 ± 2.2a	18.5 ± 2.0a
紫菀 ZY	31.9 ± 2.5a	35.0 ± 2.9a	33.6 ± 3.8a	34.3 ± 2.1a
反枝苋 FZ	29.2 ± 1.8a	25.1 ± 2.9a	18.4 ± 2.8b	13.8 ± 1.6c
绿叶苋 LY	26.5 ± 1.6b	36.8 ± 1.9a	37.4 ± 3.4a	34.0 ± 0.5a
红叶苋 HY	23.5 ± 1.4b	31.5 ± 1.4a	33.0 ± 2.6a	26.1 ± 1.4b
苍耳 CE	31.1 ± 1.8a	30.7 ± 5.2a	29.7 ± 4.9a	28.7 ± 1.6a
狗尾草 GW	65.4 ± 3.9a	69.2 ± 4.6a	69.3 ± 5.5a	64.3 ± 5.0a
鬼针草 GZ	41.0 ± 2.8a	41.0 ± 2.3a	43.9 ± 3.6a	42.5 ± 2.9a
紫花苜蓿 ZH	16.7 ± 1.4a	17.1 ± 2.9a	16.1 ± 2.0a	15.4 ± 2.0a
鲁梅克斯 K-1 杂交酸模 SM	26.5 ± 3.5a	26.5 ± 2.8a	27.0 ± 2.9a	28.3 ± 2.1a
高丹草 GD	31.5 ± 0.9a	30.5 ± 0.8a	30.5 ± 1.5a	2.01 ± 0.4b

株高达最大，各浓度与对照相比变化幅度在1.7~3.1cm。反枝苋随着铅浓度的增高，株高呈下降趋势，与对照相比，下降幅度在1.1~4.4cm。鸭茅、虎尾草、藜、新麦草、紫菀在各浓度中的株高与对照相比，差异不明显，说明铅对鸭茅、虎尾草、藜、新麦草、紫菀植株的生长没有产生负效应；反枝苋在高铅浓度1 500mg/kg时的株高显著低于对照，说明高浓度铅1 500mg/kg对反枝苋的植株的生长有明显抑制作用。

铅胁迫下，反枝苋和高丹草逐渐表现出生长缓慢、植株矮小、根数目减少、根尖褐化、部分老叶发黄等明显的中毒症状。由表2-2可以看出，随着铅浓度的增大，二者的株高和生物量均逐渐减小，1 500mg/kg铅浓度下显著低于对照（$P<0.05$）。相关性分析表明，反枝苋和高丹草的株高与铅浓度之间均呈显著的负相关（$P<0.05$），相关系数分别为-0.954、-0.971。其余植物株高没有表现出明显的降低。

二、不同铅浓度对植物根长的的影响

植物根系长度列于表2-3。由表2-3可知，鸭茅随着铅浓度的增高，根系长度变化不明显，与对照相比，变幅仅为0.1~0.8cm。虎尾草、藜、新麦草的根长呈抛物线变化，即随着土壤铅浓度的增高，根长在低铅浓度500mg/kg达到最大，然后逐渐降低，各个铅浓度下，根长与对照相比变化幅度分别在0.4~4.5cm、1.2~3.6cm和0.1~0.9cm。紫菀的根长变化趋势与株高一致，呈先升高、后降低、又升高的趋势，在低铅浓度500mg/kg时，株高达最大，各浓度与对照相比变化幅度在1.7~4.2cm。反枝苋的根长随着铅浓度的增高呈下降趋势，与

表 2-3　铅胁迫下 14 种草本植物的根长（cm）

物种	浓度（mg/kg）			
	CK	500	1 000	1 500
鸭茅 YM	23.4 ± 1.6a	23.5 ± 4.1a	22.6 ± 3.6a	22.9 ± 2.9a
虎尾草 HW	18.5 ± 1.5a	22.0 ± 1.8a	21.7 ± 1.7a	18.9 ± 1.6a
藜 LI	25.6 ± 2.1a	29.2 ± 1.9a	29.2 ± 2.6a	26.8 ± 2.8a
新麦草 XM	17.3 ± 1.7a	19.2 ± 1.5a	18.2 ± 2.4a	18.9 ± 3.1a
紫菀 ZY	18.8 ± 1.4a	23.0 ± 3.2a	20.5 ± 1.5a	11.3 ± 1.1a
反枝苋 FZ	16.0 ± 2.8a	13.4 ± 1.2ab	10.5 ± 2.2ab	7.9 ± 0.8b
绿叶苋 LY	21.4 ± 2.3a	22.5 ± 1.7a	23.6 ± 4.0a	22.3 ± 1.6a
红叶苋 HY	20.4 ± 2.5a	21.3 ± 1.9a	22.4 ± 1.6a	21.7 ± 1.3a
苍耳 CE	23.3 ± 1.8a	21.5 ± 1.6a	22.6 ± 3.8a	24.8 ± 2.5a
狗尾草 GW	18.1 ± 1.5a	18.3 ± 1.1a	19.2 ± 1.6a	18.5 ± 1.3a
鬼针草 GZ	15.1 ± 1.1b	20.3 ± 3.8a	18.0 ± 1.5a	13.4 ± 0.9b
紫花苜蓿 ZH	36.9 ± 8.7a	39.4 ± 2.8a	37.3 ± 7.0a	37.0 ± 6.1a
鲁梅克斯 K-1 杂交酸模 SM	9.5 ± 1.0a	9.1 ± 0.9a	8.8 ± 0.7a	8.7 ± 1.5a
高丹草 GD	12.6 ± 0.9a	10.8 ± 1.0ab	7.5 ± 0.6b	5.5 ± 0.4c

对照相比，下降幅度在 1.6~5.1cm。鸭茅、虎尾草、藜、新麦草、紫菀在各浓度中的根长与对照相比，差异不显著，反枝苋在中、高浓度铅浓度时的根长，显著低于对照。由此可以看出，各个铅浓度对鸭茅、虎尾草、藜、新麦草、紫菀根系的生长并没有产生负效应，中、高浓度铅浓度显著抑制了反枝苋的根系的生长。

三、不同铅浓度对植物地上部分生物量的影响

植株生物量变化如表 2-4 所示。对于同一种植物而言，低浓度铅促进植物植株的生长，干重增加。由表 2-4 可以看出，鸭茅、虎尾草、藜、新麦草在低铅浓度 500mg/kg 中干重最高，分别比对照增加了 7%、17%、10% 和 32%，然后逐渐降低；其中藜在高铅浓度 1 500mg/kg 中的生物量仍高于对照。紫菀最低生物量出现在中铅浓度 1 000mg/kg，比对照

表 2-4　铅胁迫下 14 种草本植物的生物量（g）

物种	浓度（mg/kg）			
	CK	500	1 000	1 500
鸭茅 YM	2.07 ± 0.12a	2.23 ± 0.17a	2.13 ± 0.10a	2.01 ± 0.09a
虎尾草 HW	0.81 ± 0.16a	0.96 ± 0.13a	0.94 ± 0.11a	0.67 ± 0.02a
藜 LI	2.33 ± 0.03b	2.56 ± 0.11a	2.39 ± 0.10a	2.35 ± 0.14a
新麦草 XM	1.15 ± 0.09a	1.51 ± 0.09a	1.12 ± 0.03a	0.99 ± 0.03a
紫菀 ZY	2.07 ± 0.04a	2.32 ± 0.20a	1.95 ± 0.08a	2.01 ± 0.18a
反枝苋 FZ	2.55 ± 0.24a	2.45 ± 0.08a	1.96 ± 0.0.09b	1.48 ± 0.05c
绿叶苋 LY	5.17 ± 0.33b	6.61 ± 0.55a	6.89 ± 0.29a	6.22 ± 0.30a
红叶苋 HY	5.16 ± 0.11b	6.04 ± 0.35a	5.47 ± 0.08ab	4.27 ± 0.04b
苍耳 CE	1.23 ± 0.06a	1.30 ± 0.16a	1.37 ± 0.23a	1.20 ± 0.16a
狗尾草 GW	0.77 ± 0.03a	0.77 ± 0.10a	0.83 ± 0.05a	0.73 ± 0.10a
鬼针草 GZ	1.21 ± 0.06a	1.51 ± 0.18a	1.80 ± 0.27a	1.32 ± 0.14a
紫花苜蓿 ZH	1.57 ± 0.23a	2.83 ± 0.24a	2.47 ± 0.24a	2.10 ± 0.09a
鲁梅克斯 K-1 杂交酸模 SM	3.75 ± 0.08b	4.79 ± 0.13a	4.03 ± 0.03a	3.82 ± 0.10a
高丹草 GD	0.76 ± 0.03a	1.08 ± 0.03ab	0.87 ± 0.04b	0.63 ± 0.02c

降低了6%。而反枝苋一直没有上升趋势，随着铅浓度浓度的增加，干重逐渐降低。在高铅浓度1 500mg/kg中，鸭茅、虎尾草、新麦草、反枝苋干重下降到最低点，从生长状况来看，此浓度下的这几种植物与对照相比，分别降低了4%、18%、14%和42%。鸭茅、虎尾草、藜、新麦草和紫菀在各浓度中的地上部分生物量与对照相比，差异不显著，说明各个铅浓度对鸭茅、虎尾草、藜、新麦草、紫菀根系的生长并没有产生负效应。反枝苋在高铅浓度1 500mg/kg时的地上部分生物量显著低于对照，说明高浓度铅浓度显著抑制了反枝苋的地上部分的干物质的积累。

四、不同铅浓度对植物地下部分生物量的影响

植物地下部分生物量变化如表2-5所示，并对其进行显著性检验。对于同一种植物而言，低浓度铅促进植物根系的生长，干重增加。由表2-5可见，鸭茅、虎尾草、藜、新麦草随着铅浓度增高，根系干重先增高，然后逐渐降低，在低铅浓度500mg/kg中干重最高，分别比对照增加了33%、20%、70%和47%；藜在高铅浓度1 500mg/kg中的生物量仍高于对照。紫菀在低铅浓度500mg/kg中干重最高，最低干重出现在中铅浓度1 000mg/kg下，比对照降低了10%。反枝苋随着铅浓度浓度的增加，干重逐渐降低。在高铅浓度1 500mg/kg中，鸭茅、虎尾草、新麦草和反枝苋干重下降到最低点，此浓度下的这几种植物与对照相比，干重降低幅度分别为12%、13%、5%和67%。鸭茅、虎尾草、藜、新麦草和紫菀在各浓度中的地下部分生物量与对照相比，差异不显著，说明铅对这

表 2-5　铅胁迫下 14 种草本植物的根系生物量（g）

物种	浓度（mg/kg）			
	CK	500	1 000	1 500
鸭茅 YM	6.3 ± 1.1a	7.4 ± 1.8a	6.7 ± 1.3a	5.9 ± 1.1a
虎尾草 HW	3.5 ± 0.6a	3.8 ± 0.7a	3.6 ± 0.6a	3.3 ± 0.5a
藜 LI	8.3 ± 0.7a	11.3 ± 2.5a	10.0 ± 1.6a	9.8 ± 0.9a
新麦草 XM	3.9 ± 0.3b	4.8 ± 0.5a	4.1 ± 0.7b	4.8 ± 0.2a
紫菀 ZY	6.2 ± 1.0a	6.6 ± 1.1a	5.8 ± 1.0a	4.0 ± 0.7b
反枝苋 FZ	9.1 ± 0.8a	7.2 ± 0.6ab	5.3 ± 1.1b	2.7 ± 0.5c
绿叶苋 LY	3.9 ± 0.5a	4.1 ± 0.4a	4.2 ± 0.7a	4.1 ± 0.2a
红叶苋 HY	3.3 ± 0.5a	3.8 ± 0.4a	3.6 ± 0.3a	3.8 ± 0.1a
苍耳 CE	3.1 ± 0.6a	3.0 ± 0.6a	3.4 ± 0.2a	3.3 ± 0.3a
狗尾草 GW	3.9 ± 0.3a	4.0 ± 0.3a	3.9 ± 0.2a	3.7 ± 0.4a
鬼针草 GZ	2.3 ± 0.2b	3.3 ± 0.1a	3.1 ± 0.3a	2.7 ± 0.2ab
紫花苜蓿 ZH	5.3 ± 0.4a	6.0 ± 0.8a	5.6 ± 0.5a	5.7 ± 0.6a
鲁梅克斯 K-1 杂交酸模 SM	22.8 ± 1.5a	20.3 ± 1.9a	27.3 ± 2.5a	23.3 ± 2.1a
高丹草 GD	9.3 ± 0.6a	6.4 ± 0.5b	3.7 ± 0.8c	2.9 ± 0.2c

些植物地下部分干物质的合成没有产生负效应。反枝苋在高铅浓度 1 500mg/kg 时的地下部分生物量显著低于对照，说明高铅抑制其地下部干物质的合成。

第二节 铅对植物生理性状的影响

一、铅对植物叶片叶绿素含量的影响

光合作用是植物生产的原动力，任何影响作物生理活动的因素必然影响光合过程，叶绿素的含量是影响光合作用的物质基础。叶绿素含量的变化必然影响植株的正常发育。植物叶片叶绿素值的变化如表 2-6 所示，在较低浓度的铅浓度下，

表 2-6 铅胁迫下 14 种草本植物的叶绿素含量（mg/gFW）

物种	浓度（mg/kg）			
	CK	500	1 000	1 500
鸭茅 YM	2.14a	2.17a	1.99a	1.45b
虎尾草 HW	2.62a	2.56a	2.46a	2.32a
藜 LI	2.05a	2.26a	2.12a	2.06a
新麦草 XM	2.01ab	2.15a	2.08ab	1.92b
紫菀 ZY	2.57a	2.61a	1.57b	1.39b
反枝苋 FZ	2.20a	1.83b	1.30c	1.04c
绿叶苋 LY	2.15a	2.08a	2.06a	2.01a
红叶苋 HY	0.61a	0.57a	0.39a	0.23a
苍耳 CE	2.23a	2.05a	2.26a	2.12a
狗尾草 GW	2.01a	2.01a	2.15a	2.08a
鬼针草 GZ	2.17a	1.99a	2.61a	1.57b
紫花苜蓿 ZH	2.56a	2.46a	1.83b	1.30c
鲁梅克斯 K-1 杂交酸模 SM	2.26a	2.12a	1.99a	1.99a
高丹草 GD	2.11a	2.07a	1.63b	1.42b

鸭茅、藜、新麦草、紫菀叶绿素值小幅度上升，在低铅浓度500mg/kg时含量最高，随着铅浓度的增加，所有植物叶片叶绿素值均下降。虎尾草、反枝苋叶绿素值随着铅浓度的增加，呈下降趋势。在高铅浓度1 500mg/kg中，鸭茅、虎尾草、新麦草、紫菀和反枝苋叶绿素值下降到最低点，分别为对照的68%、89%、96%、54%和47%。

从表2-6可以看出，各植物在不同铅浓度下，叶片叶绿素的含量差异很大。鸭茅、虎尾草、藜、新麦草和紫菀在低铅浓度500mg/kg时的叶片叶绿素值与对照差异不显著，说明这几种植物在此浓度下仍能够正常生长。鸭茅、虎尾草、藜、新麦草在中铅浓度1 000mg/kg时的叶片叶绿素值与对照差异不显著，说明其能够忍受中铅浓度1 000mg/kg。紫菀、反枝苋在中铅浓度1 000mg/kg时的叶片叶绿素值与对照差异显著。鸭茅、紫菀、反枝苋在高铅浓度1 500mg/kg时的叶片叶绿素值显著低于对照，说明植物的光合系统受到严重破坏。对每种植物而言，藜在不同浓度之间的叶绿素值差异均不显著，浓度间最大差值变化幅度仅为0.20%，这说明铅对其叶绿素的影响很小。反枝苋在不同浓度之间的叶绿素值差异最大，浓度间最大差值变化幅度1.16%，为对照含量的52.7%，这说明铅对其光合系统破坏最为严重。新麦草在不同浓度之间叶绿素的最大差值变化幅度略高于藜，为0.23%，各浓度下叶绿素含量与对照相比，没有显著降低，说明其能够忍受较高的铅浓度。鸭茅、虎尾草、紫菀在不同浓度之间叶绿素与对照的最大差值，变化幅度在0.30%~1.22%。从作物生长状态来看，部分植物叶片出现不同程度的黄化，已表现出失绿症状。

二、铅对植物根系活力的影响

植物根系活力的变化如表 2–7 所示。由表 2–7 可以看出，随着铅浓度的增加，所有植物的根系活力先增强、后减弱。鸭茅、虎尾草、新麦草、紫菀和反枝苋根系活力最大值出现在低铅浓度 500mg/kg。藜根系活力最大值出现在中铅浓度 1 000mg/kg。所有植物在低铅浓度 500mg/kg 时的根系活力均高于对照。在低浓度铅胁迫下，其根系活力上升可能是一

表 2–7 铅胁迫下 14 种草本植物的根系活力（α－奈胺 μg/h · gFW）

物种	浓度（mg/kg）			
	CK	500	1 000	1 500
鸭茅 YM	6.98	7.35	6.84	5.96
虎尾草 HW	7.09	7.13	6.46	6.55
藜 LI	8.56	8.98	9.54	8.58
新麦草 XM	6.59	7.85	7.26	6.93
紫菀 ZY	7.49	8.12	6.54	5.66
反枝苋 FZ	7.95	8.65	6.44	5.88
绿叶苋 LY	7.72	8.45	8.02	7.01
红叶苋 HY	6.59	7.86	8.06	6.73
苍耳 CE	6.58	7.32	6.84	6.26
狗尾草 GW	6.09	7.03	6.46	5.75
鬼针草 GZ	7.56	8.98	9.54	8.58
紫花苜蓿 ZH	6.93	7.45	7.66	7.91
鲁梅克斯 K-1 杂交酸模 SM	7.59	8.12	7.54	6.96
高丹草 GD	7.58	8.15	6.24	5.18

种自我保护反应，即植物可以通过增强其根系活力来维持根系的正 常生理功能，已延缓重金属的毒害作用。从这个角度看，植物在受到低铅胁迫的条件下，根系活力的增强是对铅胁迫环境产生的一种自我保护机制。随着铅浓度的继续增高，鸭茅、虎尾草、新麦草、紫菀和反枝苋根系活力均呈下降趋势，尤其是在高铅浓度 1 500mg/kg 时，鸭茅、虎尾草、紫菀和反枝苋显著低于对照，分别为对照的 75%、64%、76% 和 86%，这说明高铅浓度 1 500mg/kg 对其根系造成了毒害，并且损坏了植物的自我保护机制。在高铅浓度 1 500mg/kg 时，藜、新麦草根系活力于对照相比差异不显著，说明这些植物对铅胁迫有着极强的耐性，即高铅浓度 1 500mg/kg 对其根系活力没有造成抑制。

三、植物根系对铅胁迫的响应

根系是植物直接接触土壤的器官，铅对植物的毒害首先在根系上表现出来。根际环境是指植物根系和土壤的交接面的情况，在该区域中由于植物根系的存在，在物理、化学、生物学特征方面与非根际环境有很大差异。不同植物根际环境上 pH 值、Eh、根系分泌物、微生物和各种酶组成一个有异于土体的特殊环境，进一步使土壤重金属的形态分布发生显著的变化，这种变化将影响到铅对植物的毒害作用。本试验中，反枝苋、高丹草受到的毒害比较明显，一方面，可能是由于这类植物根系对外界阴、阳离子的不平衡吸收和根系、微生物在其生命活动过程中分泌大量的有机酸导致根系环境的 pH 值比土体低，而另一方面是由于植物对重金属的耐性较弱，尤其在 1 000mg/kg 和 1 500mg/kg 铅浓度下。不论由于哪种原因，都可以归结为由于这类植物本身的特殊性所造成的，而这类植物往往对铅污染土壤具有指示作用，以根系表现时更为明显，例如，紫菀。

一些植物通过根系分泌物改变根际环境，从而降低土壤铅的生物有效性，缓解污染物对环境中生物的毒害作用。本研究也发现，藜、新麦草在各铅浓度浓度下，植物根长、生物量、根系活力均高于对照，这类植物通过根系分泌的粘胶物质与根际中的 Pb^{2+} 形成稳定的螯合体，将污染物稳定在污染土壤中。根分泌的有机酸、氨基酸等有机物含有羟基和羧基等功能基团，对土壤中富余的金属离子特别是毒性重金属离子有较强的络合能力。这些功能基与重金属离子结合形成稳定的螯合体，减轻了有害离子对植物的伤害作用，这是这类植物特殊的一种自我保护机制，同时，也是这类植物铅含量较低的原因之一。

第三章

铅对植物养分吸收及分布的影响

第一节 铅对植物氮含量的影响

一、铅对植物植株氮含量的影响

植株氮含量的变化如表 3-1 所示，并对其进行显著性检验，检验结果列于表 3-1。由表 3-1 可以看出，反枝苋地上部的氮含量随着铅浓度的增加而降低。鸭茅、虎尾草、藜、新麦草、紫菀地上部氮含量均随铅浓度的增加先增加，然后降低，地上最大氮含量出现在低铅浓度 500mg/kg。虎尾草、反枝苋在中铅浓度 1 000mg/kg 时的与对照相比，氮含量显著降低，说明中浓度铅 1 000mg/kg 抑制其养分的吸收；藜在中铅浓度 1 000mg/kg 时与对照相比，氮含量显著升高，说明中浓度铅 1 000mg/kg 促进其养分的吸收。鸭茅、新麦草、紫菀在中铅浓度 1 000mg/kg 中氮含量与对照相比差异不显著，说明中浓度铅 1 000mg/kg 对其养分的吸收未造成抑制。在高铅浓度 1 500mg/kg 中，鸭茅、虎尾草、新麦草、紫菀和反枝苋植株氮含量都降到了最低，分别为对照的 82%、78%、95%、90% 和 62%。鸭茅、虎尾草和反枝苋在高铅浓度 1 500mg/kg

表 3-1 植物氮含量（%）

项目	物种	浓度（mg/kg）			
		CK	500	1 000	1 500
植株	鸭茅 YM	1.66a	1.69a	1.50a	1.36b
	虎尾草 HW	2.17a	2.19a	1.83b	1.70b
	藜 LI	2.01b	2.71a	2.69a	2.17b
	新麦草 XM	2.51bc	3.05a	2.69b	2.38c
	紫菀 ZY	1.68b	2.05a	1.67b	1.52b
	反枝苋 FZ	2.86a	2.63a	2.03b	1.78b
	绿叶苋 LY	2.17a	2.19a	1.83b	1.70b
	红叶苋 HY	2.19a	1.83b	1.70b	1.71b
	苍耳 CE	2.71a	2.69a	2.17b	2.01c
	狗尾草 GW	3.05a	2.69b	2.38c	2.11c
	鬼针草 GZ	2.05a	1.67b	2.01b	2.71a
	紫花苜蓿 ZH	2.63a	2.03b	2.51bc	3.05a
	鲁梅克斯 K-1 杂交酸模 SM	2.74a	2.38a	1.68b	2.05a
	高丹草 GD	2.86a	2.58a	2.86a	2.63a
根系	鸭茅 YM	1.53b	1.71a	1.59b	1.38c
	虎尾草 HW	1.56b	1.69a	1.54b	1.49b
	藜 LI	1.36b	1.52a	1.44ab	1.41ab
	新麦草 XM	1.72b	2.06a	1.75b	1.70b
	紫菀 ZY	1.30b	2.04a	1.18bc	1.01c
	反枝苋 FZ	2.21a	2.07b	1.89c	1.83c
	绿叶苋 LY	1.72b	2.06a	1.75b	1.70b
	红叶苋 HY	1.69a	1.54b	1.34b	1.21b
	苍耳 CE	1.52a	1.44ab	1.32ab	1.01b
	狗尾草 GW	2.06a	1.75b	1.56b	1.69b
	鬼针草 GZ	2.04a	1.18bc	1.36b	1.52b
	紫花苜蓿 ZH	2.07a	1.89b	1.72b	2.06a
	鲁梅克斯 K-1 杂交酸模 SM	2.55a	2.10a	1.30b	2.04a
	高丹草 GD	2.34a	2.31a	2.21a	2.07a

时氮含量与对照相比，显著降低，说明高铅浓度 1 500mg/kg 抑制其养分的吸收。藜、新麦草和紫菀在高铅浓度 1 500mg/kg 与对照相比，差异不显著，说明高浓度铅 1 500mg/kg 对其植株养分的吸收未造成抑制。

二、铅对植物根系氮含量的影响

根系氮含量的变化如表 3-1 所示，并对其进行显著性检验，检验结果列于表 3-1。从表 3-1 中可以看出，反枝苋根系的氮含量随着铅浓度的增加而降低。鸭茅、虎尾草、藜、新麦草和紫菀根系氮含量均随铅浓度的增加先增加，然后降低，根系最大氮含量出现在低铅浓度 500mg/kg，说明低铅 500mg/kg 对这些植物根系吸收氮有着促进的作用。从表 3-5 中可以看出，反枝苋在低铅浓度 500mg/kg 和中铅浓度 1 000mg/kg 的氮含量与对照相比差异显著，这说明低、中铅浓度抑制其根系吸收氮。在中铅浓度 1 000mg/kg 中，鸭茅、虎尾草、紫菀、藜和新麦草中氮含量与对照相比差异不显著，这说明其能忍受较高的铅浓度。在高铅浓度 1 500mg/kg 中，虎尾草、藜和新麦草与对照相比，差异不显著，说明高浓度铅 1 500mg/kg 对其根系氮的吸收未造成抑制。鸭茅、紫菀和反枝苋根系氮含量在高铅浓度 1 500mg/kg 时降到了最低，与对照相比差异显著，说明高浓度铅 1 500mg/kg 已抑制其根系对氮的吸收。

第二节　铅对植物磷含量的影响

一、铅对植物植株磷含量的影响

植株磷含量的变化如表3-2所示，并对其进行显著性检验，检验结果列于表3-2。从表3-2中可以看出，反枝苋、紫菀植株磷含量随着铅浓度增加而降低；鸭茅、虎尾草、藜和新麦草地上部磷含量均随铅浓度增加呈抛物线变化趋势，即先增加，然后降低。鸭茅、虎尾草和新麦草地上部最大磷含量出现在低铅浓度500mg/kg。藜地上部最大磷含量出现在高铅浓度1 500mg/kg。从表3-2中可以看出，鸭茅、藜、新麦草、紫菀在低铅浓度500mg/kg时的磷含量与对照相比差异不显著，说明低浓度铅500mg/kg对其植株磷的吸收未造成抑制；反枝苋植株磷含量显著低于对照，说明低浓度铅500mg/kg对抑制其植株磷的吸收。鸭茅、虎尾草、藜、新麦草和紫菀在中铅浓度1 000mg/kg时的磷含量与对照相比差异不显著，说明中浓度铅1 000mg/kg对其植株磷的吸收未造成抑制；反枝苋植株磷含量显著低于对照，说明中浓度铅1 000mg/kg抑制其植株磷的吸收。在高铅浓度1 500mg/kg中，所有植物植株磷含量都降到了最低。鸭茅、紫菀和反枝苋植株磷含量分别为对照的52%、63%和79%，与对照相比，差异显著，说明高浓度铅1 500mg/kg抑制其植株磷的吸收；虎尾草、藜、新麦草植株磷含量与对照相比，差异不显著，说明高浓度铅1 500mg/kg对其植株磷的吸收未造成抑制。

二、铅对植物根系磷含量的影响

根系磷含量的变化如表 3–2 所示，并对其进行显著性检验，检验结果列于表 3–2。从表 3–2 可以看出，反枝苋根系

表 3–2　植物磷含量（%）

项目	物种	浓度（mg/kg）			
		CK	500	1 000	1 500
植株	鸭茅 YM	0.42a	0.46a	0.40a	0.22b
	虎尾草 HW	0.63b	0.92a	0.59b	0.54b
	藜 LI	0.68a	0.71a	0.74a	0.68a
	新麦草 XM	0.54a	0.63a	0.60a	0.46a
	紫菀 ZY	0.60a	0.60a	0.59a	0.38b
	反枝苋 FZ	0.76a	0.62b	0.61b	0.60b
	绿叶苋 LY	0.77a	0.81a	0.79a	0.79a
	红叶苋 HY	0.71a	0.68a	0.71a	0.74a
	苍耳 CE	0.59a	0.54a	0.63a	0.60a
	狗尾草 GW	0.46a	0.40a	0.60a	0.59a
	鬼针草 GZ	0.92a	0.59b	0.62b	0.61b
	紫花苜蓿 ZH	0.71a	0.74a	0.64a	0.66a
	鲁梅克斯 K–1 杂交酸模 SM	0.63a	0.60a	0.56a	0.58a
	高丹草 GD	0.60a	0.59a	0.49a	0.47a

续表

项目	物种	浓度（mg/kg）			
		CK	500	1 000	1 500
根系	鸭茅 YM	0.53b	0.83a	0.49b	0.48b
	虎尾草 HW	0.64b	0.95a	0.52b	0.40b
	藜 LI	0.69b	0.85ab	0.94a	0.75b
	新麦草 XM	0.71b	0.96a	0.73b	0.70b
	紫菀 ZY	0.59a	0.62a	0.57a	0.40b
	反枝苋 FZ	0.90a	0.89a	0.59b	0.51b
	绿叶苋 LY	0.68b	0.85ab	0.95a	0.75b
	红叶苋 HY	0.77a	0.52b	0.40b	0.41b
	苍耳 CE	0.99a	0.94a	0.75b	0.71b
	狗尾草 GW	0.81a	0.73b	0.70b	0.71b
	鬼针草 GZ	0.54a	0.57a	0.40b	0.39b
	紫花苜蓿 ZH	0.78a	0.59b	0.51b	0.58b
	鲁梅克斯 K-1 杂交酸模 SM	0.56a	0.59a	0.62a	0.51a
	高丹草 GD	0.99a	0.90a	0.89a	0.61b

的磷含量随着铅浓度的增加而降低；鸭茅、虎尾草、藜和新麦草和紫菀根系磷含量均随铅浓度的增加先增加，然后降低，呈抛物线变化，鸭茅、虎尾草、新麦草和紫菀根系最大磷含量出现在低铅浓度 500mg/kg。藜根系最大磷含量出现在中铅浓度 1 000mg/kg。从表 3-3 可以看出，鸭茅、虎尾草、新麦草和紫菀在低铅浓度 500mg/kg 时根系磷含量显著高于对照，这说明低铅浓度 500mg/kg 促进了其根系对磷的吸收。反枝苋

在中铅浓度 1 000mg/kg 时的磷含量显著低于对照，这说明中铅浓度 1 000mg/kg 抑制其根系磷的吸收。鸭茅、虎尾草、新麦草、紫菀中磷含量与对照相比差异不显著，说明中铅浓度 1 000mg/kg 对其根系磷的未造成抑制。在高铅浓度 1 500mg/kg 中，鸭茅、虎尾草、新麦草、紫菀、反枝苋根系磷含量都降到了最低，分别为对照的 91%、63%、99%、68% 和 57%；紫菀、反枝苋与对照相比，差异显著，说明高铅浓度 1 500mg/kg 抑制其根系磷的吸收；鸭茅、虎尾草、藜和新麦草差异不显著，说明高铅对其根系吸收磷未造成抑制。

表 3-3　植物钾含量（%）

项目	物种	浓度（mg/kg）			
		CK	500	1 000	1 500
植株	鸭茅 YM	1.78b	2.04a	1.78b	1.78b
	虎尾草 HW	1.82a	1.82a	1.56b	1.55b
	藜 LI	2.62b	2.64b	3.14a	2.64b
	新麦草 XM	1.56b	1.81a	1.82a	1.56b
	紫菀 ZY	2.57ab	2.71a	2.36b	2.36b
	反枝苋 FZ	2.50a	2.08b	2.07b	2.00b
	绿叶苋 LY	1.85a	1.81a	1.66b	1.53b
	红叶苋 HY	2.52b	2.54b	3.04a	2.54b
	苍耳 CE	1.46b	1.71a	1.72a	1.46b
	狗尾草 GW	2.47ab	2.61a	2.26b	2.26b
	鬼针草 GZ	2.60a	2.18b	2.17b	2.10b
	紫花苜蓿 ZH	1.92a	1.92a	1.66b	1.65b
	鲁梅克斯 K-1 杂交酸模 SM	2.72b	2.74b	3.11a	2.54b
	高丹草 GD	1.51b	1.91a	1.92a	1.56b

项目	物种	浓度（mg/kg）			
		CK	500	1 000	1 500
根系	鸭茅 YM	1.21a	1.28a	1.02b	1.02b
	虎尾草 HW	1.02a	1.05a	1.02a	1.02a
	藜 LI	1.02a	1.15a	1.05a	1.02a
	新麦草 XM	1.04a	1.08a	1.04a	1.04a
	紫菀 ZY	1.81a	1.97a	1.60b	1.48b
	反枝苋 FZ	1.12a	1.08a	0.81b	0.80b
	绿叶苋 LY	1.12a	1.15a	1.12a	1.11a
	红叶苋 HY	1.02a	1.05a	1.15a	1.02a
	苍耳 CE	1.07a	1.05a	1.03a	1.04a
	狗尾草 GW	1.86a	1.87a	1.67b	1.58b
	鬼针草 GZ	1.13a	1.09a	0.91b	0.90b
	紫花苜蓿 ZH	1.87a	1.93a	1.65b	1.58b
	鲁梅克斯 K-1 杂交酸模 SM	1.17a	1.18a	0.91b	0.87b
	高丹草 GD	1.09a	1.03a	1.02a	1.00a

第三节　铅对植物钾含量的影响

一、铅对植物植株钾含量的影响

植株钾含量的变化如表 3-3 所示，并对其进行显著性检验，检验结果列于表 3-3。从表 3-3 可以看出，反枝苋、虎尾草地上部的钾含量随着铅浓度的增加而降低。鸭茅、藜、新麦草和紫菀地上部钾含量随铅浓度的增加先增加，然后降低，鸭茅、紫菀地上最大钾含量出现在低铅浓度 500mg/kg，藜、新麦草地上最大钾含量出现在中铅浓度 1 000mg/kg。从表 3–5 可以看出，鸭茅、新麦草在低铅浓度 500mg/kg 时的钾含量显著高于对照，说明低铅浓度 500mg/kg 促进其植株钾的吸收，虎尾草在低铅浓度 500mg/kg 时的钾含量与对照相等，藜、紫菀略高于对照。虎尾草、反枝苋在中铅浓度 1 000mg/kg 时的钾含量显著低于对照，说明中铅 1 000mg/kg 抑制其植株钾的吸收；藜、新麦草在中铅浓度 1 000mg/kg 时的钾含量显著高于对照，说明中铅浓度 1 000mg/kg 促进其植株钾的吸收；鸭茅、紫菀于对照相比，差异不显著，说明中铅浓度 1 000mg/kg 对其植株钾的吸收未造成抑制。在高铅浓度 1 500mg/kg 中，虎尾草、紫菀和反枝苋植株钾含量都降到了最低，分别为对照的 85%、92% 和 80%；藜略高于对照。虎尾草、反枝苋在高铅浓度 1 500mg/kg 时的钾含量与对照相比，差异显著，说明高铅浓度 1 500mg/kg 抑制其植株钾的吸收。鸭茅、藜、新麦草和紫菀在高铅浓度 1 500mg/kg 与对照相比，差异不显著，说明高铅浓度 1 500mg/kg 对其植株钾的吸收未造成抑制。

二、铅对植物根系钾含量的影响

根系钾含量的变化如表 3–3 所示，并对其进行显著性检验，检验结果列于表 3–3。由表 3–3 可以看出，反枝苋根系的钾含量随着铅浓度的增加而降低。鸭茅、藜、紫菀根系钾含量均随铅浓度的增加先增加，然后降低。虎尾草、新麦草根系钾含量随着铅浓度的增加，略微地增加，然后下降。鸭茅、虎尾草、藜、新麦草和紫菀根系钾最大含量出现在低铅浓度500mg/kg，所有植物根系钾最低含量出现在高铅浓度1 500mg/kg。从表3-3可以看出，在中铅浓度1 000mg/kg和高铅浓度1 500mg/kg时，鸭茅、紫菀和反枝苋根系钾含量显著低于对照，分别为对照的84%、82%和71%，说明中、高铅浓度抑制其根系钾的吸收。虎尾草、新麦草在各浓度中于对照相比，差异不显著，这说明铅对其根系钾的吸收未造成抑制。

第四章

不同铅浓度下植物对土壤生物活性的影响

第一节 不同铅浓度下植物对土壤微生物数量的影响

一、不同铅浓度下植物对土壤细菌数量的影响

对所有植物而言，随着铅浓度的增加，土壤细菌数量呈下降趋势。如表 4-1 所示，对于每一种不同植物而言，其下降的幅度差别很大。鸭茅和虎尾草在低铅浓度 500mg/kg 时，受铅的毒害影响较大，土壤细菌数量下降幅度较大，随着铅浓度的增高，下降幅度逐渐平缓，可能是其根系周围有大量耐性细菌的产生。藜、新麦草下降幅度不大，可能是随着铅浓度的增加其根系分泌增加，这些根系分泌物刺激耐性细菌的大量产生。反枝苋随着铅浓度的增高，土壤细菌数量呈下降趋势，这说明铅在抑制土壤细菌的生长。紫菀在低铅浓度 500mg/kg 时，土壤细菌数量下降幅度较大，受铅的毒害影响较大，随着铅浓度增高到中铅浓度 1 000mg/kg，下降幅度平缓，可能是其根系周围有大量耐性细菌的产生，当铅浓度增高到高铅浓度 1 500mg/kg 时，其土壤细菌含量明显降低，可能是高浓度铅对其根系形成毒害，分泌的有机酸等物质减少，导致细菌数量

表 4-1 土壤细菌数量（10^6）

物种	浓度（mg/kg）			
	CK	500	1 000	1 500
鸭茅 YM	19.7	17.6	17.3	15.1
虎尾草 HW	11.6	8.4	8.2	6.0
藜 LI	12.5	11.5	10.3	8.5
新麦草 XM	19.7	18.3	17.9	16.0
紫菀 ZY	10.6	8.6	8.6	6.0
反枝苋 FZ	12.6	11.6	10.6	8.6
绿叶苋 LY	16.3	17.3	16.8	15.3
红叶苋 HY	17.3	12.6	11.6	10.0
苍耳 CE	11.5	11.4	10.2	7.5
狗尾草 GW	18.7	17.3	16.9	15.0
鬼针草 GZ	10.7	9.6	8.9	7.0
紫花苜蓿 ZH	12.6	12.6	10.6	8.6
鲁梅克斯 K-1 杂交酸模 SM	17.3	17.3	16.0	15.3
高丹草 GD	16.3	11.6	10.6	9.0

减少。在高铅浓度 1 500mg/kg 中，所有植物土壤细菌均下降到最低点，分别为对照的 55%、58%、92%、90%、56% 和 68%。藜、反枝苋在各浓度中土壤细菌数量与对照相差不大，说明铅对其土壤细菌的产生没有明显抑制作用，鸭茅、虎尾草、紫菀和反枝苋在高铅浓度 1 500mg/kg 中土壤细菌降低幅度明显，说明高铅浓度 1 500mg/kg 明显抑制鸭茅、虎尾草、紫菀和反枝苋土壤细菌的产生。

二、不同铅浓度下植物对土壤真菌数量的影响

对所有植物而言，随着铅浓度的增加，土壤真菌数量均呈下降趋势。如表 4-2 所示，对于每一种不同植物而言，其下降的幅度不一。紫菀下降幅度比较明显，在低铅浓度 500mg/kg、中铅浓度 1 000mg/kg、高铅浓度 1 500mg/kg 中，其真菌数量分别下降为对照的 89%、71% 和 64%，呈递减趋势，这说明铅对其土壤真菌有比较明显的抑制作用。鸭茅、虎尾草、藜、新麦草和反枝苋随着铅浓度的增加，均呈缓慢下降趋势，在高铅浓度 1 500mg/kg 中均达到最低，分别为对照的 84%、86%、87%、87% 和 84%，其中，鸭茅、虎尾草、反枝苋土壤真菌的下降幅度小于细菌下降的幅度，说明高铅低铅浓度 1 500mg/kg 对其土壤真菌产生的抑制作用不明显。这是可能是由于铅对其土壤微生物的毒害敏感性，细菌大于真菌。

表 4-2　土壤真菌数量（10^3）

物种	浓度（mg/kg）			
	CK	500	1 000	1 500
鸭茅 YM	5.2	5.0	5.1	4.7
虎尾草 HW	5.6	5.2	4.0	3.7
藜 LI	4.2	4.2	4.0	3.8
新麦草 XM	5.3	5.0	5.0	4.6
紫菀 ZY	5.6	5.0	4.0	3.6
反枝苋 FZ	4.3	4.0	4.0	3.6
绿叶苋 LY	5.2	5.2	5.0	4.7

续表

物种	浓度（mg/kg）			
	CK	500	1 000	1 500
红叶苋 HY	5.0	5.0	4.6	4.3
苍耳 CE	4.1	4.2	4.1	3.8
狗尾草 GW	5.2	5.0	5.0	4.7
鬼针草 GZ	5.4	5.0	4.0	3.6
紫花苜蓿 ZH	4.3	4.0	4.0	3.6
鲁梅克斯 K-1 杂交酸模 SM	5.3	5.3	5.0	4.6
高丹草 GD	4.3	4.0	3.6	3.6

三、不同铅浓度下植物对土壤放线菌数量的影响

对所有植物而言，随着铅浓度的增加，土壤放线菌数量均呈下降趋势。如表 4-3 所示，对于每一种不同植物而言，其下降的幅度差别很大。鸭茅在低铅浓度 500mg/kg 时，土壤放线菌数量下降幅度较大，随着铅浓度的增高，下降幅度逐渐平缓，可能是其根系周围有大量耐性菌的产生。藜、新麦草下降趋势不明显，可能是由于其根系分泌大量的有机物，这些有机物刺激耐性菌的大量产生，所以，看起来下降的幅度并不明显。虎尾草、紫菀随着铅浓度的增高，土壤放线菌数量呈下降趋势，这说明铅在抑制土壤放线菌的生长。反枝苋在低铅浓度 500mg/kg 时，受铅的毒害影响较大，土壤放线菌数量下降幅度较大，随着铅浓度增高到中铅浓度 1 000mg/kg，下降幅度平缓，可能是其根系周围有大量耐性菌的产生，当铅浓度增

表 4-3　土壤放线菌数量（10^4）

物种	浓度（mg/kg）			
	CK	500	1 000	1 500
鸭茅 YM	8.0	6.6	6.3	6.0
虎尾草 HW	8.5	8.6	8.3	5.7
藜 LI	11.3	8.6	8.0	6.0
新麦草 XM	7.0	6.6	6.6	5.7
紫菀 ZY	9.0	8.6	7.6	6.0
反枝苋 FZ	11.3	8.6	8.0	6.0
绿叶苋 LY	7.0	6.6	6.6	5.3
红叶苋 HY	7.6	7.3	6.0	5.3
苍耳 CE	9.8	8.6	7.6	6.0
狗尾草 GW	7.0	6.6	6.6	5.3
鬼针草 GZ	9.0	9.8	7.6	6.0
紫花苜蓿 ZH	11.3	8.6	8.0	6.0
鲁梅克斯 K-1 杂交酸模 SM	10.0	9.6	9.6	9.0
高丹草 GD	7.6	4.6	4.3	4.0

高到高铅浓度 1 500mg/kg 时，下降幅度增大，可能是高浓度铅对其根系形成毒害，分泌的有机酸减少，导致放线菌数量减少。在高铅浓度 1 500mg/kg 中，所有植物土壤放线菌均下降到最低点，分别为对照的 52%、70%、90%、86%、66% 和 53%。其中，藜、新麦草与对照相比，差别很小，说明高铅浓度 1 500mg/kg 对其土壤放线菌产生的抑制作用很小，同时，高铅浓度 1 500mg/kg 明显抑制鸭茅、虎尾草、紫菀、反枝苋土壤放线菌的产生。

第二节　不同铅浓度下植物对土壤酶活性的影响

一、不同铅浓度下植物对土壤过氧化氢酶活性的影响

对所有植物而言，随着铅浓度的增加，土壤过氧化氢酶均呈上升趋势，如表 4-4 所示。这与石汝杰在黄壤土上取得

表 4-4　土壤过氧化氢酶活性（ml/g · 3h）

物种	浓度（mg/kg）			
	CK	500	1 000	1 500
鸭茅 YM	2.50	2.50	2.52	2.38
虎尾草 HW	3.02	2.62	3.16	3.18
藜 LI	3.12	3.16	3.10	3.14
新麦草 XM	2.04	1.52	1.96	2.12
紫菀 ZY	3.16	3.16	3.14	3.14
反枝苋 FZ	3.14	3.12	3.16	3.14
绿叶苋 LY	1.58	2.14	2.22	2.40
红叶苋 HY	2.04	2.42	2.24	2.44
苍耳 CE	3.14	3.15	3.16	3.16
狗尾草 GW	3.15	3.12	3.14	3.16
鬼针草 GZ	3.13	3.16	3.14	3.16
紫花苜蓿 ZH	2.48	2.52	2.08	2.48
鲁梅克斯 K-1 杂交酸模 SM	2.48	2.52	2.38	2.48
高丹草 GD	2.36	2.44	2.40	2.52

的结果一致。对于每一种不同植物而言，其上升的幅度差别很大。鸭茅、紫菀随着铅浓度的增高，其土壤过氧化氢酶缓缓上升，这说明铅对其土壤过氧化氢酶有刺激作用，但不明显。虎尾草、反枝苋随着铅浓度的增高，在低铅浓度 500mg/kg 时，其土壤过氧化氢酶上升幅度较大，说明铅对其土壤过氧化氢酶有较明显的刺激作用，在低铅浓度 500mg/kg 与中铅浓度 1 000mg/kg 之间，基本不变，说明这两个铅浓度对其影响基本一致，随着铅升高至高铅浓度 1 500mg/kg，又有略微的上升，说明土壤中浓度较低或较高的铅对其影响较大。藜、新麦草随着铅浓度的增高，其土壤过氧化氢酶呈明显的上升趋势，这说明其对土壤过氧化氢酶有着较强的激活作用。在高铅浓度 1 500mg/kg 中所有植物土壤过氧化氢酶均上升到最高点，分别比对照的高出 32%、66%、92%、71%、12% 和 36%。土壤过氧化氢酶有一部分来自植物根系，而植物在收到铅毒害时，根系会产生更多的分泌物来缓解铅的毒性，这些分泌物可能会影响到土壤过氧化氢酶的活性。就本试验植物对土壤过氧化氢激活作用为藜 > 新麦草 > 虎尾草 > 反枝苋 > 鸭茅 > 紫菀。

二、不同铅浓度下植物对土壤脲酶活性的影响

随着铅浓度的增加，土壤脲酶变化不明显。对于每一种不同植物而言，其变化的趋势不一。如表 4-5 所示，鸭茅、藜、反枝苋随着铅浓度的增高，其土壤脲酶缓缓上升，然后又略微的下降，变化幅度较小，这说明铅对其土壤脲酶影响不大。虎尾草随着铅浓度的增高，土壤脲酶先下降，然后又增高，变化

表 4-5 土壤脲酶活性（mg/g·24h）

物种	浓度（mg/kg）			
	CK	500	1 000	1 500
鸭茅 YM	51.83	52.23	69.86	47.40
虎尾草 HW	66.71	67.20	68.78	67.60
藜 LI	62.87	61.89	70.95	69.57
新麦草 XM	52.13	60.70	62.28	63.26
紫菀 ZY	64.54	67.30	66.32	67.20
反枝苋 FZ	61.00	71.54	60.70	70.75
绿叶苋 LY	46.51	43.26	54.10	48.29
红叶苋 HY	59.12	42.18	47.69	50.04
苍耳 CE	59.69	65.82	66.41	72.52
狗尾草 GW	67.50	70.06	62.57	64.84
鬼针草 GZ	64.54	73.41	68.68	72.23
紫花苜蓿 ZH	43.75	48.68	43.75	49.27
鲁梅克斯 K-1 杂交酸模 SM	49.57	44.74	50.85	49.17
高丹草 GD	57.65	38.63	42.37	46.61

幅度较小。新麦草随着铅浓度的增加，其土壤脲酶缓缓上升，在高铅浓度 1 500mg/kg 时达最高。紫菀随着铅浓度的增高，其土壤脲酶缓缓上升，然后又略微的下降，变化幅度很小。在本试验条件下，铅对土壤脲酶影响不明显，这与孙兆海在灰色石灰土上的试验结果一致。

三、不同铅浓度下植物对土壤碱性磷酸酶活性的影响

如表 4-6 所示，对所有植物而言，随着铅浓度的增加，土壤碱性磷酸酶均呈下降趋势。对于每一种不同植物而言，其下降的幅度差别较大。鸭茅、虎尾草随着铅浓度的增高，在低铅浓度 500mg/kg 时，其土壤碱性磷酸酶下降幅度较大，说明铅对其土壤过氧化氢酶有较明显的抑制作用，随着铅浓度的继续增加，其土壤碱性磷酸酶缓缓下降，说明高铅对其土壤碱性

表 4-6　土壤碱性磷酸酶活性（mg/g·24h）

物种	浓度（mg/kg）			
	CK	500	1 000	1 500
鸭茅 YM	9.12	12.43	7.47	4.16
虎尾草 HW	16.85	11.33	14.64	17.95
藜 LI	20.71	20.71	15.75	16.64
新麦草 XM	10.78	4.71	13.54	6.37
紫菀 ZY	21.26	16.3	12.99	15.19
反枝苋 FZ	14.09	12.99	9.68	6.82
绿叶苋 LY	10.23	9.12	3.61	9.12
红叶苋 HY	7.47	8.02	6.37	8.02
苍耳 CE	15.19	14.64	13.54	12.43
狗尾草 GW	21.26	10.23	20.16	11.33
鬼针草 GZ	21.81	19.61	17.4	14.64
紫花苜蓿 ZH	8.02	10.78	0.85	4.71
鲁梅克斯 K-1 杂交酸模 SM	6.92	5.26	1.95	4.71
高丹草 GD	7.47	8.57	6.37	6.92

磷酸酶不如低铅浓度明显。藜、新麦草随着铅浓度的增加，其土壤碱性磷酸酶略微的下降，这说明铅对其土壤碱性磷酸酶影响不大。紫菀、反枝苋随着铅浓度的增高，其土壤碱性磷酸酶呈下降趋势，这说明铅对其土壤碱性磷酸酶有着比较明显抑制作用。在高铅浓度 1 500mg/kg 中，所有植物土壤碱性磷酸酶均下降到最高点，分别为对照的 64%、68%、95%、95%、75% 和 70%。就本试验，植物抑制土壤碱性磷酸酶降低的顺序为新麦草、藜 > 紫菀 > 反枝苋 > 虎尾草 > 鸭茅。

第五章

植物对土壤铅形态的影响

土壤重金属毒性的大小不仅与重金属的总量有关，也与重金属在土壤中的存在形态有密切的关系。重金属在土壤中的存在形态决定了其迁移转化特性，从而直接影响到重金属的毒性和迁移。而在植物生长的过程中，受到植物生长及根系分泌等活动的影响，土壤重金属的形态分布将发生显著的变化，这种变化将进一步影响到重金属的生物毒性。

植物生长 60d 后采集土壤，收集根系表面 1~2mm 的土壤，去掉土样中的残余根系，自然风干，磨细，过 0.1mm 筛。土壤中铅的形态分级采用逐级连续提取法，分别以 1mol/L $MgCl_2$、NaAc（用 1mol/L HAc 调节至 pH 值 5.0）、0.04mol/L NH_2O-HHCl+25% 的 HOAc、HNO_3+30%H_2O_2+3mol/L NH_2OHHCl、HF+$HClO_4$+20%HNO_3 提取交换态、碳酸盐结合态、铁锰氧化物结合态、有机结合态和残渣态的重金属。土壤全铅为 5 种形态之和。铅的测定均采用惠普 3100 型原子吸收分光光度计测定。

供试土壤的铅含量为残渣态 > 铁锰氧化物结合态 > 有机结合态 > 碳酸盐结合态 > 可交换态，其中残渣态铅所占比例接近全铅的 50%，可交换态铅仅占全铅的 2.8%，在土壤中为 2.34mg/kg。对于植物吸收难易程度而言，残渣态 > 铁锰氧化物结合态 > 有机结合态 > 碳酸盐结合态 > 可交换态（由难到易）。种植不同植物对土壤铅形态的影响差异很大。对于所有植物而言，铁锰氧化物结合态 > 残渣态 > 有机结合态 > 碳酸盐结合态、可交换态。也就是说，种植植物可以降低土壤中占绝大部分的残渣态铅，同时提高铁锰氧化物结合态的铅。就这六种植物而言，变化较大的为铁锰氧化物结合态、残渣态和有机结合态。

第一节 植物对土壤可交换态铅的影响

交换态是植物最容易吸收利用的形态，具有最高的活性和生物毒性。由图 5-1 可知，随着铅浓度的增大，14 种植物土壤交换态铅含量有所增加，变幅范围逐渐增大，变异系数（CV）由 12.70% 上升 40.90%，反映出不同植物具有不同的铅转化能力。藜、新麦草在各浓度下土壤交换态铅含量均 < 对照 < 其余 12 种植物，随着铅浓度的增加，交换态铅呈缓慢上升趋势，在 1 000mg/kg 铅浓度下，仅为 10.55mg/kg 和 12.53mg/kg，为对照的 49% 和 58%；在 500mg/kg 铅浓度下，新麦草土壤交换态铅含量小于藜交换态铅含量，在 1 000mg/kg 和 1500 mg/kg 铅浓度下，藜 < 新麦草，表明这 2 种植物有较强的抑制土壤

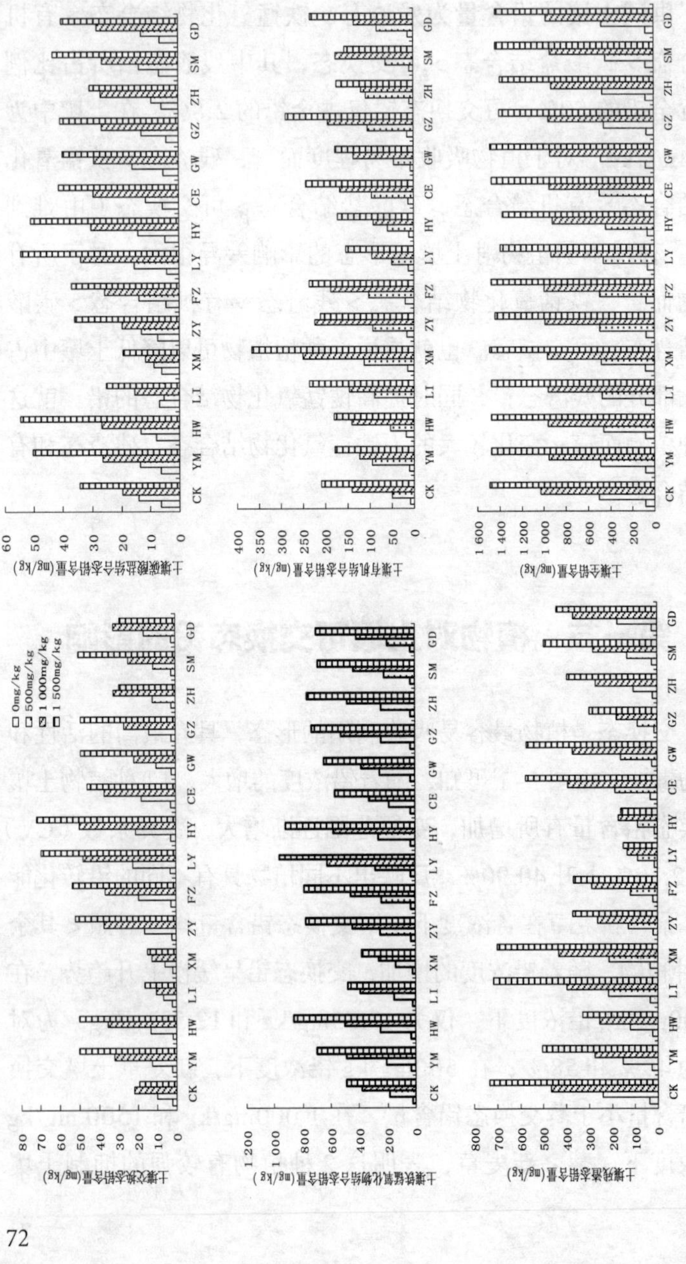

图 5-1 14 种植物土壤铅含量

铅向交换态铅转换的能力，在低铅浓度下，新麦草抑制土壤铅向交换态的转换能力高于藜，在中、高铅浓度下，藜抑制土壤铅向交换态的转换能力高于新麦草。其余 12 种植物在各铅浓度下均高于对照，说明大部分植物都有活化土壤铅的作用。红叶苋、绿叶苋在各浓度下，土壤交换态铅含量均为 14 种植物中最高，随着铅浓度的增加，交换态铅呈上升趋势，浓度间达显著水平（$P<0.05$），在 1 500mg/kg 铅浓度下，分别为 71.39mg/kg 和 69.40mg/kg，为对照的 3.7 倍和 3.6 倍，是其他 12 种植物的 1.3~4.8 倍，反映出二者具有较强的促进土壤铅向交换态转换的能力。

第二节 植物对土壤碳酸盐结合态铅的影响

碳酸盐结合态、铁锰氧化物结合态和有机结合态具有潜在的生物有效性，在一定条件下可向其他形态转化。随着铅浓度的增加，种植 14 种植物，土壤碳酸盐结合态铅增高。藜、新麦草在各铅浓度下土壤碳酸盐结合态铅为 14 种植物中最低，在 1 500mg/kg 铅浓度下，仅为 25.11mg/kg 和 19.33mg/kg，分别是对照的 73% 和 56%，说明其抑制土壤中的铅转化为碳酸盐结合态铅的能力为 14 种植物中最强。鸭茅、虎尾草、红叶苋、绿叶苋碳酸盐结合态铅为所有植物中最高，在 1 500mg/kg 铅浓度下，均大于 50mg/kg，分别为对照的 1.5~1.6 倍，说明其促进土壤中的铅转化为碳酸盐结合态铅的能力最强。

第三节　植物对铁锰氧化物结合态铅的影响

铁锰氧化物结合态是金属与铁锰氧化物结合包裹于 Fe-Mn 结核表面，或者本身就成为氢氧化物沉淀的部分。种植 14 种植物后，土壤铁锰氧化物结合态铅占总铅百分数为 46.4%> 对照（34.6%），为土壤主要形态。土壤中铁锰氧化物一般以矿物的外裹物和细粉散颗粒存在，高活性的铁锰氧化物比表面积大，极易吸附或共沉淀阴离子和阳离子。北方石灰性土壤为偏碱性环境条件，此环境条件下，种植植物后，土壤通气性有所好转，氧化还原电位升高使得铅易于被 Fe 和 Mn 的氢氧化物及氧化物吸附或共沉淀，从而使得此形态铅含量较高。与对照相比，种植藜、新麦草的土壤铁锰氧化物结合态铅有所降低。其余 12 种植物，铁锰氧化物结合态铅含量均大于对照。在各铅浓度下，红叶苋、绿叶苋铁锰氧化物结合态铅为各植物中最高，在 1500mg/kg 铅浓度下，分别达 918.51mg/kg 和 961.92 mg/kg，分别为对照的 1.94 倍和 1.86 倍。

第四节　植物对有机结合态铅的影响

土壤有机结合态铅是指土壤中存在各种有机质，如动植物残体、腐殖质及矿物颗粒的包裹层等有机质自身具有较大螯合重金属离子的能力，又能以有机膜的形式附着在矿物颗粒的表面，改变了矿物颗粒的表面性质，在不同程度上增加了吸附重金属的能力。本试验所有植物生长随着铅浓度的增加，CV 为 26.5%~29.7%（表 5-1），说明 14 种植物对土壤有机结合态铅的改变差异并不明显。14 种草本植物中，土壤有机结合态铅的大小顺序为新麦草 > 鬼针草 > 苍耳 > 其他 11 种植物。新麦草为所有植物中最高，在 1 500mg/kg 铅浓度下，有机结合态铅达 365.84mg/kg。

第五节 植物对残渣态铅的影响

残渣态是移动性和生物有效性最低的形态，这部分金属通常以原生或次生矿物形态存在。对照土壤残渣态为主要形态，种植植物土壤残渣态铅含量均低于对照。红叶苋、绿叶苋土壤残渣态铅为所有植物中最低，随着铅浓度的增加，残渣态铅在全铅中所占的比例呈下降趋势，在 1 500 mg/kg 铅浓度下，含量分别为 160.64 mg/kg 和 148.52 mg/kg，仅为对照的 20% 和 22%，说明其促进土壤中的残渣态铅转化为其他形态的能力最强，当土壤铅浓度增加时，这种能力更为明显。藜、新麦草土壤残渣态铅为所有植物中最高，随着铅浓度的增加，不同铅浓度之间残渣态含量达显著水平（$P<0.05$），在 1 500mg/kg 铅浓度下，为 717.74mg/kg 和 700.45mg/kg，分别为对照的 98% 和 96%，是其余 12 种植物的 1.2~4.8 倍，说明相对于其他植物而言，藜、新麦草抑制土壤中的残渣态铅转化为其他形态的能力最强。

表 5–1　不同形态土壤铅含量统计

铅浓度（mg/kg）	指标	交换态	碳酸盐结合态	铁锰氧化物结合态	有机结合态	残渣态	总铅
0	类平均	2.34 ± 0.30	5.91 ± 1.16	31.31 ± 4.55	12.94 ± 3.61	23.66 ± 6.96	76.15 ± 6.04
	变幅	1.79~3.07	4.29~8.05	23.30~37.59	7.80~20.48	13.42~35.52	63.31~82.61
	CV/%	12.70	19.68	14.52	27.88	29.43	7.93
500	类平均	13.83 ± 4.88	12.33 ± 2.87	221.48 ± 40.47	82.17 ± 23.20	140.53 ± 43.39	470.61 ± 19.81
	变幅	5.75~22.33	5.20~15.94	141.44~279.40	44.92~113.15	87.71~214.70	437.76~497.03
	CV/%	35.30	23.28	18.27	28.23	30.88	4.21
1 000	类平均	30.54 ± 11.20	25.45 ± 5.96	451.57 ± 96.57	155.33 ± 46.29	289.29 ± 91.35	952.81 ± 22.14
	变幅	10.55~49.64	11.57~33.63	257.44~626.86	91.01~249.73	131.73~432.93	919.28~992.72
	CV/%	36.70	23.42	21.39	29.80	31.58	2.32
1 500	类平均	43.18 ± 17.67	40.16 ± 10.39	710.25 ± 158.27	214.48 ± 58.86	432.56 ± 174.40	1 442.34 ± 39.87
	变幅	14.87~71.39	19.33~54.50	386.66~961.92	154.07~365.84	148.52~717.74	1 372.96~1 487.16
	CV/%	40.90	25.86	22.28	27.44	40.32	2.76

第六节　植物对全铅的影响

土壤全铅的含量会影响其生物毒性和植物累积的能力。由图 5-1 可知，14 种植物土壤全铅含量均随着浓度的增加而上升，在各浓度之间差别极显著（$P<0.01$），土壤铅的大小顺序为红叶苋 < 绿叶苋 < 其他 10 种植物 < 藜、新麦草。红叶苋、绿叶苋在各铅浓度浓度下均显著低于对照，在 1 500mg/kg 铅浓度下，分别为 1 372mg/kg 和 1 388mg/kg，比对照降低了 7.9% 和 6.8%，说明红叶苋、绿叶苋对土壤铅的清除能力最强。新麦草、藜在 14 种植物中最低，在各铅浓度浓度下土壤全铅略低于对照，在 1 500mg/kg 铅浓度下，仅比对照低 0.2% 和 0.9%，对土壤铅的清除能力远低于红叶苋、绿叶苋。与对照相比，其余 10 种植物土壤铅含量也有不同程度的降低。

第七节　不同植物对土壤铅形态的影响效应

一些重金属高累积的植物能改变根际环境，活化根际土壤中的重金属，而植物对土壤铅的形态的转变受多种因素影响，如土壤类型、土壤环境条件和土壤中铅浓度以及共存离子的种类和浓度等，但主要取决于植物的种类和环境中的铅浓度。本研究也发现不同植物对土壤铅的转化能力不同（图 5-1）。在各铅浓度下，种植红叶苋、绿叶苋的土壤交换态铅占总铅比为 4.7%~5.4%，远高于其他 12 种植物，与对照相比，达极显著水平（$P<0.01$），表明这类植物具有活化难溶态铅的作用，使其向交换态转化，更容易被植物吸收，导致土壤全铅含量显著下降，这类植物根系有可能分泌特殊物质，可以专一螯合溶解根系附近的难溶态铅，从而提高土壤溶液中的铅浓度。也有可能是由于这类植物根际存在特殊的微生物区系，通过微生物的活动或微生物的特殊分泌物来溶解难溶态铅，提高土壤铅的生物有效性，从而促进根系对铅的吸收、积累和转运。

有研究表明，当土壤重金属浓度较高时，将超过土壤自身的缓冲作用能力，以交换态的形式表现出来，而本试验并没有发现，可能是由于土壤的不同，也可能由于植物的作用，本试验中重金属总量变化不明显，大部分植物（除藜和新麦草）铁锰氧化物结合态＞其他 4 种形态，为土壤铅的主要形态，相对于植物对重金属的吸收能力而言，植物更可能是通过其根系活动促使根际土壤中重金属形态进行重新的结合和分配，使得金属离子以另外一种较为稳定的结合态存在，以此降低其生物有效性，是植物修复中的“稳定效应”。且这种重金属形态的转化也可能是导致其残渣态重金属比例下降的原因所在，其机理尚不清楚，但可表明这些植物的生长提高了结合态重金属的迁移性。

一些植物通过根表吸收来加强土壤中污染物的固定，从而降低土壤铅的生物有效性，缓解污染物对环境中生物的毒害作用。本研究也发现，藜和新麦草在各铅浓度下，土壤残渣态铅占总铅比为 42.3%~48.6%，高于其他 12 种植物，能将相当一部分铅固定在土壤中。这类植物通过根系分泌的多糖等黏胶状物质与 Pb^{2+} 等金属离子竞争性结合，使它们停滞在根外。

铅在黏胶中可以取代钙镁等离子，作为连接糖醛酸链的桥，也可以与支链上的糖醛酸分子基团结合，黏胶使 Pb^{2+} 在土壤中的移动因络合作用而受阻。这类植物还可以通过根系对阴阳离子吸收的不平衡，使土壤 pH 值上升，造成土壤中铅的有效性降低。目前已知的重金属超富集植物种类偏少、数量有限，难以广泛应用，且在重金属污染土壤的植被恢复的过程中，毒性物质浓度的降低、耐性植物品系的形成等都是一个长期的过程。因此，相比利用富集植物萃取土壤中的污染物，短期内实现植被的覆盖，利用植物固定土壤中重金属，避免污染土壤通过侵蚀、渗漏等对周围环境造成危害将具有更加现实的意义。

第六章

铅对植物铅含量的影响

第一节　铅对植物植株铅含量的影响

随着土壤铅浓度的增加，所有植物植株铅含量均呈上升的趋势，对不同植物而言，铅累积增加的幅度差别较大。由表6-1可见，鸭茅、虎尾草、紫菀随着土壤铅浓度的增加，逐渐上升，变化幅度比较均匀。藜随着土壤铅浓度的增加，其植株铅含量变化很小，其最大变化幅度仅为17.26mg/kg。新麦草随着土壤铅浓度的增加，其植株铅含量缓缓上升，在高铅浓度1 500mg/kg时，上升的幅度略有增高。反枝苋随着铅浓度的增高，上升幅度明显，在中铅浓度1 000mg/kg时变化不大，当土壤铅浓度增加到高铅浓度1 500mg/kg时，大幅度上升。所有植物植株最大铅累积量均出现在高铅浓度1 500mg/kg，分别为对照的8.7倍、12.0倍、8.3倍、12.2倍、8.8倍和26.5倍。在低铅浓度500mg/kg中，鸭茅、虎尾草、藜、新麦草、紫菀植株铅含量均未超出国家饲料卫生标准中复合预混合饲料标准，反枝苋略高于初步试验中含量，超出于国家饲料卫生标准中复合预混合饲料标准；在中铅浓度1 000mg/kg中，虎尾

表 6-1　14 种草本植物铅含量

项目	物种	浓度（mg/kg）			
		CK	500	1 000	1 500
地上部	鸭茅 YM	8.49 ± 1.02d	28.09 ± 2.64c	50.46 ± 6.85b	73.61 ± 8.64a
	虎尾草 HW	4.81 ± 1.85d	27.12 ± 3.15c	39.67 ± 3.16b	57.64 ± 5.25a
	藜 LI	2.38 ± 0.19c	13.42 ± 0.88b	15.34 ± 2.03ab	19.64 ± 4.36a
	新麦草 XM	2.25 ± 0.28c	3.85 ± 0.79c	11.79 ± 2.21b	27.44 ± 3.48a
	紫菀 ZY	8.25 ± 0.76d	23.75 ± 1.87c	50.14 ± 5.26b	72.99 ± 6.31a
	反枝苋 FZ	7.74 ± 2.98d	43.24 ± 0.92c	95.75 ± 4.93b	304.92 ± 21.45a
	绿叶苋 LY	17.48 ± 4.71d	130.00 ± 9.84c	246.46 ± 27.88b	485.25 ± 35.63a
	红叶苋 HY	20.52 ± 2.74d	200.11 ± 21.67c	413.99 ± 35.60b	781.00 ± 33.92a
	苍耳 CE	12.46 ± 2.17d	90.50 ± 7.43c	190.97 ± 43.44b	398.95 ± 17.23a
	狗尾草 GW	11.87 ± 2.40c	40.19 ± 8.15b	46.95 ± 6.73b	90.49 ± 8.66a
	鬼针草 GZ	11.32 ± 1.11d	160.46 ± 9.42c	300.12 ± 24.46b	516.39 ± 9.86a
	紫花苜蓿 ZH	16.88 ± 2.71d	80.34 ± 6.23c	282.52 ± 52.50b	480.17 ± 14.58a

续表

项目	物种	浓度（mg/kg）			
		CK	500	1 000	1 500
地上部	鲁梅克斯 K-1 杂交酸模 SM	12.90 ± 3.06d	98.21 ± 5.37c	178.73 ± 21.62b	206.77 ± 11.62a
	高丹草 GD	11.64 ± 1.53d	162.25 ± 16.55c	260.17 ± 29.95b	608.42 ± 38.48a
	平均值	10.64 ± 5.45	78.68 ± 63.49	155.93 ± 128.93	301.69 ± 245.20
	变幅	2.25~20.52	3.85~200.11	11.79~413.99	27.44~781.00
	CV（%）	51	81	83	81
根系	鸭茅 YM	21.99 ± 1.75d	92.20 ± 7.26c	176.82 ± 33.86b	982.46 ± 82.15a
	虎尾草 HW	8.59 ± 1.06c	51.77 ± 10.18b	117.18 ± 24.66a	119.79 ± 15.62a
	藜 LI	14.85 ± 1.21d	100.59 ± 8.78c	155.38 ± 7.41b	193.53 ± 38.32a
	新麦草 XM	18.00 ± 2.48d	38.77 ± 1.52c	135.00 ± 12.04b	284.05 ± 20.74a
	紫菀 ZY	19.37 ± 2.69d	104.22 ± 16.93c	165.00 ± 26.99b	275.82 ± 14.80a
	反枝苋 FZ	17.16 ± 1.74d	94.50 ± 7.41c	196.28 ± 20.11b	585.98 ± 27.51a
	绿叶苋 LY	44.97 ± 2.86d	308.83 ± 13.16c	438.96 ± 33.26b	880.69 ± 58.38a
	红叶苋 HY	32.49 ± 3.18d	383.49 ± 21.44c	763.97 ± 36.29b	1 207.47 ± 54.00a

续表

项目	物种	浓度（mg/kg）			
		CK	500	1 000	1 500
根系	苍耳 CE	32.50 ± 4.45d	294.46 ± 31.06c	550.99 ± 45.14b	1 434.48 ± 168.92a
	狗尾草 GW	27.50 ± 2.30c	136.99 ± 35.03b	131.00 ± 16.63b	188.50 ± 21.42a
	鬼针草 GZ	38.52 ± 3.18d	250.87 ± 37.44c	446.39 ± 22.30b	858.00 ± 78.55a
	紫花苜蓿 ZH	25.23 ± 0.89d	180.44 ± 11.40c	533.02 ± 26.88b	1 104.14 ± 206.03a
	鲁梅克斯 K-1 杂交酸模 SM	24.35 ± 1.99d	144.16 ± 12.65c	270.43 ± 21.83b	440.69 ± 49.47a
	高丹草 GD	21.23 ± 3.49d	287.11 ± 21.96c	513.82 ± 39.28b	904.36 ± 68.90a
	平均值	24.77 ± 9.76	176.31 ± 108.84	328.16 ± 208.12	675.71 ± 431.38
	变幅	8.59~44.97	38.77~383.49	117.18~563.97	119.79~1434.48
	CV（%）	39	62	63	64

草、藜、新麦草植株铅含量没有超出国家饲料卫生标准中复合预混合饲料标准；在高铅浓度 1 500mg/kg 中，藜、新麦草植株铅含量没有超出国家饲料卫生标准中复合预混合饲料标准。

第二节　铅对植物地下部分铅含量的影响

由表 6-1 可以看出，植物根系铅含量的变化趋势与植株一致，所有植物根系铅含量均随着土壤铅浓度的增高呈上升的趋势，变化幅度比植株明显。虎尾草最大变化幅度为各植物中最低，为 111.2mg/kg。反枝苋最大变化幅度为各植物中最高，为 368.82mg/kg。藜最大变化幅度为 178.68mg/kg，为植株最大变化幅的 21.3 倍。这表明：高浓度的铅对新麦草地上部分和地下部分铅的累积有着很大的差异。在高铅浓度 1 500mg/kg 时，所有植物达最大根系铅含量。

由表 6-1 中的多重比较可知，鸭茅、虎尾草、新麦草、紫菀、反枝苋在中铅浓度 1 000mg/kg 和高铅浓度 1 500mg/kg 中植物体内的铅含量与对照相比，均达显著水平；这说明中、高铅浓度土壤对其体内铅含量影响较大。藜在各浓度中的根系铅含量对照相比，均达显著水平；其植株铅含量对照相比，差异不明显。随着铅浓度的增高，植物不同部位铅含量增加的幅度不同。根系铅含量变化的幅度比植株变化的幅度大。新麦草在低铅浓度 500mg/kg 时的铅含量与对照相比，差异不显著，这说明土壤低浓度铅污染对其体内铅含量的影响很小。反枝苋在各浓度中与对照相比，差异显著，这说明土壤铅对其体内铅含量影响很大。

铅胁迫下，14 种草本植物地上部和根系的铅含量均显著高于对照（$P<0.05$），并随着铅浓度的增加逐渐增大，14 种植物根系的铅含量均显著高于地上部分。不同植物地上部和根系的铅含量各不相同。随着铅浓度的增大，14 种植物地上部和根系铅含量的变幅范围逐渐增大，地上部的变异系数（CV）由对照的 51% 上升到铅浓度下的 82%，根系的变异系数由对照的 39% 上升到铅浓度下的 63%，这反映出不同植物具有不同的铅吸收积累能力。

根据 14 种草本植物对铅积累的差异，将其归为 3 类：第 1 类包括藜和新麦草，为铅低积累植物，各浓度下地上部铅含量变化范围为 2.25~27.44mg/kg，铅含量小于国家饲料卫生标准（GB13078-2001）最大允许含量；第 2 类包括红叶苋、鬼针草和高丹草，为铅高积累植物，1 500mg/kg 铅浓度下，地上部铅含量 >500mg/kg；第 3 类包括鸭茅、虎尾草、紫菀、反枝苋、绿叶苋、苍耳、狗尾草、紫花苜蓿和鲁梅克斯 K-1 杂交酸模，为铅中等积累植物，地上部铅含量介于第 1 类与第 2 类植物之间。

第三节　铅对植物 S/R 的影响

各植物的植株和根系对铅元素的吸收和分布积累特性也是不相同的。植物 S/R 是指植物植株铅含量 / 根系铅含量。S/R 能反映出重金属铅在各植物体内的运输和分配情况。植物 S/R 越大，说明重金属从根系向地上部器官转运能力越强。由图 6-1 可以看出，铅在 14 种植物体内均以根部积累为主，S/R 均小于 1。不同浓度铅浓度下，14 种植物的 S/R 差异显著。其中，红叶苋和鲁梅克斯 K-1 杂交酸模的 S/R 最高，各浓度铅浓度下平均值分别均为 0.59，说明这 2 种植物体内的铅由根系转移到地上部的转运能力较强；藜和新麦草的 S/R 最小，各浓度铅浓度下平均值分别为 0.12 和 0.10，说明铅在这 2 种植物体内的转运能力较小。14 种草本植物中，铅转运能力的大小顺序为：新麦草 < 藜 ≤ 其他 12 种植物。

第四节　铅对植物铅迁移总量的影响

重金属迁移总量是评价植物修复重金属污染土壤潜力的重要指标。在 14 种植物中，红叶苋和绿叶苋的铅迁移总量最大（图 6-1），1 500mg/kg 铅浓度下，二者的铅迁移总量分别为 53.37 mg 和 45.29mg，是其他 12 种植物的 1.8~61.5 倍，反映出红叶苋和绿叶苋对铅污染土壤具有良好的修复潜力。其次，紫花苜蓿和鬼针草的修复潜力也较大，1 500mg/kg 铅浓度下的铅迁移总量分别为 25.21mg 和 21.09mg。

当植物的地上部重金属含量达到某一临界值，同时满足 S/R>1，以及地上部富集系数 >1，则定义为超富集植物。对于目前所发现的耐性植物，许多学者认为同时满足上述 3 个条件太难，尤其对铅超富集植物来说，该定义过于苛刻。一般来

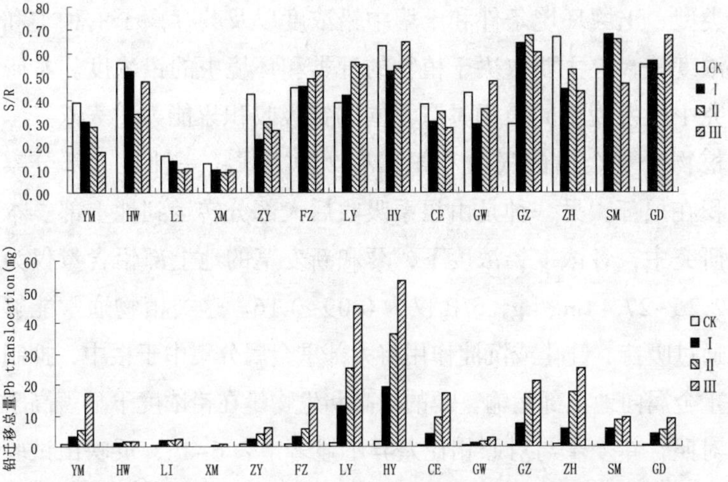

图 6-1　不同浓度下 14 种草本植物的 S/R 和铅迁移总量

说，普通植物的铅含量极低，因此有研究认为，植物的地上部铅含量达到 500mg/kg 即可称为铅富集植物。根据该定义，本研究中，红叶苋、鬼针草和高丹草的地上部铅含量均达到了富集植物的标准，可以作为铅污染土壤植物修复的备选物种。

自然界中存在着某些耐性较强的物种，其地上部重金属含量虽未达到富集植物的水平，但由于生物量十分可观，尤其是在高浓度重金属污染条件下，生物量没有受到明显影响，而且重金属迁移总量高，因而其对重金属污染土壤的修复作用不可忽视。本研究结果表明，就地上部铅含量而言，绿叶苋 < 红叶苋、鬼针草和高丹草，但是由于绿叶苋生物量较大，铅迁移总量远高于鬼针草和高丹草，尤其在 1 500mg/kg 铅浓度下高达 45.29mg，因此绿叶苋亦具有较大的铅污染土壤修复潜能。

植物对铅的吸收、转运和累积受多种因素影响，如土壤类型、土壤环境条件和土壤中铅浓度以及共存离子的种类和浓度等，但主要取决于植物的种类和环境中的铅浓度。本研究中也发现不同植物具有不同的铅吸收积累能力（表 6-1）。植物对重金属的吸收和积累有 2 种方式：一种是大部分累积在根部，另一种是由根系吸收后大部分转运到地上部。本研究中，各浓度铅浓度下，藜和新麦草的地上部铅含量仅为 2.25~27.44mg/kg，S/R 仅为 0.09~0.16。这类植物通常能够通过吸持、钝化或沉淀作用将大部重金属分集中于根中，抑制重金属向地上部运输。藜的株高和生物量在铅浓度下显著高于对照，新麦草与对照相比差异不显著（表 6-1），反映出试验浓度下二者对铅污染具有一定的耐受能力，其机理有待于进一步研究。在重金属污染土壤上种植这类植物，既能将重金属吸收固定在根系中，防止其进入地下水，又可以生产出安全系数较高的饲草，对已遭受污染的土壤起到边改良边利用的作用，这对日益严重的土壤污染条件下农产品质量安全生产具有重大意义。供试的 14 种草本植物中，红叶苋、绿叶苋、藜和新麦草是当地较为理想的铅污染土壤的修复物种。对铅污染土壤进行生物净化时，可选择重金属迁移量较高的红叶苋和绿叶苋；对铅污染土壤进行植被恢复时，可选择种植耐性较强、安全性较高的藜和新麦草。

下篇

铅污染土壤的微生物修复效应

第七章

重金属污染土壤的微生物修复进展

我国重金属污染土壤的面积在迅速扩大，污染程度越来越严重，迫切需要修复和治理。纵观土壤学领域的研究现状，污染土壤修复的研究已经成为土壤学的学科前沿和热门研究领域。深入开展污染土壤的发生和发展过程、污染土壤的修复研究与应用研究，紧紧把握住污染土壤修复技术创新的方向，直接关系到我国农业生产的可持续地健康发展与生态安全。污染土壤修复的研究已成为当前国内外的热点科学问题和前沿领域，我国国家基金委也已把它作为今后几十年支持的重点。然而，世界范围内至今仍然还没有完全成熟的污染土壤修复技术，更没有高效的浓度工艺与设备。

目前，人们已采取了很多的治理技术措施，主要有两个途径：第一，改变重金属在土壤中的存在形态，使其固定，降低其在环境中的迁移性和生物可利用性；第二，从土壤中去除重金属。目前围绕这两个治理途径，治理污染土壤的措施可分为：①农业措施，增施有机肥提高土壤环境容量；控制土壤水分，降低污染物危害程度；在被污染的土壤上种植不进入食物链的植物，如棉花和一些用于绿化、建材的木本植物或栽植观赏苗木；改变耕作制度或改为非农业用地；②改良措施，施用改良剂、抑制剂降低重金属的活性，或加入吸附剂等；③工程措施，清洗法、客土法、水洗、淋溶、翻土等；④生物措施，就是利用微生物、植物和动物将土壤、地下水或海洋中的危险污染物降解、吸收或富集的生物工程技术系统。从已经用于污染土壤生物修复的生物体看，主要是微生物和植物，而菌根作为生物修复载体的应用研究才刚刚起步。在重金属污染土壤的治理中，生物修复作为一个研究领域和一项技术措施，植物修复研究和应用较多，尤其是超累积植物，然而超累积植物有其局限性，其生长速率低，生物量相对较小，存在着地域性分布等缺点，在应用中很难更好地发挥其净化土壤的效率。现在人们逐渐把目光投向操作过程简单，无二次污染，对环境友好的微生物修复方法。

第一节　重金属污染微生物修复机制

一、重金属铅对土壤生物活性的影响

低浓度土壤重金属对微生物活动有一定的促进作用，但是当其浓度增加到一定程度时，就会对微生物生长和各种代谢产生不良影响，表现为重金属影响降低微生物生物量、减少活性细菌菌落的数量、抑制微生物活性、改变微生物生物量碳与有机碳的比值、影响呼吸强度和代谢商 qCO_2，从而改变土壤微生物的区系、改变微生物群落结构和功能。

某些重金属，如 Hg、Cd、Pb 等在低浓度时就有较大的毒

性，如元素 Hg 和 Cd 有致突变效应，Hg 会抑制生物大分子的合成，导致细胞停止分裂活动，抑制生物氧化作用。Cd 可导致脱氧核糖核酸链的断裂。段学军等对 Cd 胁迫下稻田土壤生物活性及酶活性变化进行研究，发现 Cd 胁迫对土壤脲酶活性有显著的抑制作用。

Kunito 等研究表明，非根际土壤细菌种群多样性要大于根际土壤，但是根际土壤细菌数量比非根际土壤多 2 个数量级。加入铜可以促进细菌外聚合物的分泌，且随着分泌量的增大菌株对铜的吸收也增加，它们产生的复合物很难降解，导致根际土壤中游离铜离子浓度降低，从而减弱了铜胁迫的危害。微生物一般可通过细胞膜透性调节、主动运输、在细胞内产生特殊蛋白、细胞外固定、酶解毒、降低灵敏度 6 种途径来提高其对重金属的耐性。这 6 种途径决定了微生物对金属抗性的高低。

铅也能影响土壤微生物生物量。杨元根等将城市土壤与农村土壤相比较，得出有效态铅是控制城市土壤与农村土壤微生物特征差异的主要因素，阿伯丁市土壤中重金属元素铜、锌、铅有显著积累，导致土壤微生物生物量下降。通过不同提取剂提取出土壤中的铅表明，铅主要以铁锰氧化物结合态为主，反映了铅可能主要与氧化铁有关。Kandeler 等人研究指出，铜、锌、铅等重金属污染矿区土壤的微生物生物量受到严重影响，靠近矿区附近土壤的微生物生物量明显低于远离矿区土壤的微生物生物量。不同重金属及其不同浓度对土壤微生物生物量的影响效果也不一致。Khan 等采用室内培养试验，研究了镉、铅和锌对红壤微生物生物量的影响，当其浓度分别为 30μg/g、

450μg/g、150μg/g时导致微生物生物量的显著下降。土壤环境因素也影响重金属污染对土壤微生物生物量的大小。同时，重金属污染还能对土壤氮素的微生物转化产生影响。Wilke研究发现，硝化作用不如有机氮的矿化作用敏感，对反硝化作用来说，镉对反硝化作用抑制最强，铅几乎无影响。此外，重金属对土壤微生物的毒性也引起了广泛注意。

土壤微生物是物质的分解者，对环境变化具有高度的敏感性。20世纪70年代，国内外的学者开始将土壤酶应用到重金属污染领域中，取得了显著进展。Kamar等将质量分别为50mg/kg或25μmol/g的不同重金属离子添加到土壤中，脲酶活性均受到抑制；杨志新等通过铅、镉、锌单因子浓度和复合因子浓度的对比研究发现，无论单因子还是复合因子对土壤酶活性的抑制效应都很明显。研究还发现，Hg、Cd、Pb对土壤脲酶、转化酶、碱性磷酸酶和蛋白酶活性有明显的抑制作用。赵春燕等利用气象色谱方法研究发现，低浓度的重金属有利于土壤微生物的生长发育，酶活性大幅度降低，反硝化酶与固氮酶对铜、铅、砷的反应基本相同。水稻过氧化氢酶与土壤中铅的含量呈负相关。

孟庆峰等研究表明，重金属质量分数较低时，单一重金属对土壤脲酶活性具有促进作用，对过氧化氢酶活性具有抑制作用；重金属质量分数较高时，对土壤脲酶活性具有抑制作用，对土壤过氧化氢酶具有促进作用。重金属Cd、Pb对土壤酶活性的影响存在交互作用，重金属Cd对土壤脲酶活的性影响起主导作用，重金属Pb对土壤过氧化氢酶活性的影响起主导作用。经逐步回归分析，有效态重金属的质量分数低水平时，土壤脲酶活性与重金属 Cd 呈现显著负相关；土壤过氧化氢酶活性与重金属 Pb 呈现显著正相关。

贺玉晓等研究表明，采煤沉陷区各种酶活性大都低于对照点，其在空间分布上受重金属的影响，重金属 Co、Ni 对大多数酶有促进作用，As、Mo 则对酶活性有抑制作用，重金属对酶活性的影响取决于重金属的类型与含量；蔗糖酶对重金属污染较为敏感。

陈碧华研究了大棚菜地土壤重金属与土壤酶的关系，大棚菜田土壤中重金属 Zn、Pb、Cu 的含量和种植年限极显著相关；重金属 Cd、Ni、Mn 的含量和种植年限显著相关；重金属 Cr 的含量和种植年限不相关。大棚菜田土壤中过氧化物酶、多酚氧化酶、淀粉酶活性和种植年限极显著相关，磷酸酶、蔗糖酶活性和种植年限显著相关，过氧化氢酶、脲酶、蛋白酶活性和种植年限相关性不显著。随着种植年限的延长重金属 Zn、Cu 含量对多酚氧化酶、过氧化物酶活性有抑制作用，其敏感性顺序为：过氧化物酶对 Zn 敏感性 > 多酚氧化酶对 Zn 敏感性 > 过氧化物酶对 Cu 敏感性 > 多酚氧化酶对 Cu 敏感性。土壤中过氧化物酶、多酚氧化酶可以作为重金属 Zn 污染的指示酶，过氧化物酶可以作为重金属 Cu 污染的指示酶。

郭星亮研究表明，随着铅污染程度的增加，不同土壤微生物群落间的代谢特征发生显著变化，而且这种变化主要体现在糖类和氨基酸类碳源的利用差异。在轻度、中度污染情况下，土壤微生物群落对碳源的利用表现出激活效应；而在重度污染的情况下，土壤微生物群落对碳源的利用表现出抑制效应。随着污染程度的增加，脲酶、蛋白酶、碱性磷酸酶和过氧化氢酶的活性均呈现降低的趋势，矿区土壤脲酶、蛋白酶、碱性磷酸酶和过氧化氢酶活性分别是非矿区土壤中相应酶活性的 50.5%~65.1%、19.1%~57.1%、87.2%~97.5% 和 77.3%~86.0%；蔗糖酶和纤维素酶在中等污染程度以下的土壤中表现为激活效应，而在重度污染的土壤中表现为抑制效应。

二、微生物对重金属的积累

微生物与重金属具有很强的亲合性，能富集许多重金属。有毒金属被贮存在细胞的不同部位或被结合到胞外基质上，通过代谢过程，这些离子可被沉淀，或被轻度螯合在可溶或不溶性生物多聚物上。同时，细胞对重金属盐具有适应性，通过平衡或降低细胞活性得到衡定条件。微生物积累重金属也与金属结合蛋白和肽以及与特异性大分子结合有关。细菌质粒可能含抗有毒重金属的基因，如丁香假单胞菌和大肠杆菌含抗铜的基因，芽孢杆菌和葡萄球菌含抗镉（锌）的基因，产碱菌含抗镉（锌、镍以及钴）的基因，革兰氏阳性和革兰氏阴性菌中含抗砷（锑）的基因。

采用生物系统除去污水中的重金属离子，比传统方法更有潜力，可取得较高的效能，降低成本。筛选出的微藻，经过培养，用于进行特定的生物去除金属离子，可解决金属污染问题。藻类对铜、铀、铅、镉等都有吸收积累作用。小球藻（*Chlorella vulgaris*）在 Pb100mg/L 时亦可存活良好。用干燥、磨碎后的绿藻和小球藻吸附重金属，吸附初 Pb 最高浓度达 90%，Cd 最高浓度达 98%。藻类对 Pb 的高忍耐力，可能是由于 Pb 离子容易从细胞壁排出或是高浓度的 Pb 易于从溶液中沉淀所致。利用物化和生物学机制（包括代谢物和生物多聚体的胞外结合，与专一性蛋白的结合和代谢依赖性积累），可使真菌积累金属和放射性核素。通过一系列物理化学浓度，可对生物量的生物吸附能力进行操作，固定化生物量保留生物吸附特性，经简单的化学浓度使生物量再生。

Horvath 从空气中分离耐重金属的真菌，82 种分离菌株中，有 52 种（链孢属、曲霉属、枝孢属、青霉属、红酵母属、葡萄穗霉属等）耐浓度为 10mmol/L 的金属（As^{2+}、Cd^{2+}、Co^{2+}、Cr^{2+}、Hg^{2+}、Ni^{2+} 和 Pb^{2+}），其中，15 种霉菌和 1 种酵母耐浓度为 10mmol/L 的 2 种以上离子。Wnorowski 测定了 80 种从被重金属污染的天然水源中分离出的真菌和异养菌生物累积重金属的能力，筛选了金属抗性菌株对金、银、镍和镉的摄取能力，收集到的生物积累菌包括积累金的菌 39 株（白地霉），积累镉的菌 28 株（嗜水气单胞菌）等。所有菌株都能从稀溶液（5mg/L）中除去金属，使剩余浓度低于 0.15mg/L。Dey 研究了利用活性和非活性真菌 *PHanroehaete chrysosporium* NCIM1197（Pc）清除废水中的 Pb^{2+}、Cr^{2+}、Cd^{2+} 和 Ni^{2+}，在 6d 中实现生物吸附 Pb^{2+} 达 6mg/L。Pc 作生物吸附剂可有效清除采矿业、石油、涂料等工业废水中的 Pb^{2+}。由法国、比利时和荷兰等国 4 个机构协作开展的欧共体基金项目 Mycelium，将含曲霉、毛霉、青霉以及根霉的丝状真菌菌丝培育物干燥、磨碎并经筛分，使其成为可贮存的生物量，用于浓度含 Cd、Pb、Ni 和 Zn 的工业废水。在 pH 值 7 时，可除去 98% 的铅、9% 的锌、92% 的镉以及 74% 的镍。1kg 毛霉和根霉粉末可净化（pH 值 7）含 10mg/L 锌的废水 5 000L。

Bargagli 在汞矿附近采集 195 个高级真菌以及其底土的样品，分析其中汞的含量，尽管木材分解霉和很多种菌根累积金属的速度非常缓慢，但是一些菌根种和所有腐植质分解菌都能累积汞达到 100 μ g/g 干重。在最少污染的地方也能达到底土含汞量的 63 倍。微生物在被污染土壤环境去毒方面具有独特的作用。近年来这一方法已被用于进行土壤生物改造或土壤生物改良，提高微生物降解活性就地净化污染土壤。被重金属污染的土壤可通过加入①真养产碱菌（*Alealigenes entrophus*）的抗重金属菌株，其菌数为 10^7 细菌 /ml 和②碳源 pH 值 5.15~9.15 浓度土壤水悬浮液得以净化。一种新的原位浓度污染土壤的方法是，打散污染土壤，按一定比例与水和生物表面活性剂混合，获得一种水泥浆，其中，污染物与生物表面活性剂相互作用，使污泥静置一会，让污染物与生物表面活性剂组配增多（充分反应），从水泥浆中分离土壤后反复清除和分离，直到污染物水平（80%~90%）下降。也有的原位生物浓度是反应器浓度或土壤堆埋，对污染土壤进行生物修复。

三、微生物对重金属的生物转化及修复研究

基于生物化学原则，微生物可对重金属进行生物转化，最明显例子是某些金属的甲基化和脱甲基化，其结果往往会增加该金属的挥发，改变其毒性。甲基汞的毒性大于 Hg^{2+}，三甲基胂盐的毒性大于亚砷酸盐，有机锡毒性大于无机锡，但甲基硒的毒性比无机硒化物要低。已经证明，维生素 B_{12} 参与生物甲基化过程适用于 Hg、Pb、Ti、Au、Sn、Cr、As 及 Se。含钴的维生素 B_{12} 还含有 CN_2 基，CN_2 基团被甲基取代称为甲基

钴氨素。甲基钴氨素可以提供甲基阴碳离子 CH_3^-，从而使金属甲基化。$CH_3-Co-R + Hg \rightarrow CH_3Hg^+ + H_2O-Co-R$ 给出 CH_3^- 的甲基钴氨素在霉促作用下又可重新甲基化，从而不断地提供甲基。至今还不清楚 CH_3CoB_{12} 究竟是一个游离的代谢物还是胞内物，即转化是发生在细胞内还是发生细胞外，没有得到证实。

微生物能够改变金属存在的氧化还原形态，如某些细菌对 As（Ⅴ）、Fe（Ⅲ）、Hg（Ⅱ）、Hg（Ⅰ）和 Se（Ⅳ）等元素有还原作用，而另一些细菌对 As（Ⅲ）、Fe（Ⅱ）和 Fe（0）等元素有氧化作用。随着金属价态的改变，金属的稳定性也随之变化。土壤中还原态 As（Ⅲ）比氧化态 As（Ⅴ）易溶 4~10 倍，毒性强。土壤固定砷的能力与土壤中存在的微生物有密切关系。价态改变后，金属的络合能力发生变化。有些微生物的分泌物可与金属离子发生络合作用，产 H_2S 细菌又可使许多金属离子转化为难溶的硫化物使之被固定。在细菌金属抗性和生物修复的可行性研究中，许多人关注了汞的脱甲基化和还原挥发、亚砷酸盐氧化和铬酸盐还原以及硒的甲基化挥发等。Silver 提出，在细菌作用下的氧化还原是最有希望的有毒废物生物修复系统。对无机和有机汞化合物还原及挥发，络酸盐还原和亚砷酸盐氧化，是有潜力的生物修复系统。细菌对 Hg 的抗性归结于它含的两种诱导酶；一种 Hg 还原酶和一种有机 Hg 裂解酶。其机制是通过汞还原酶将有机的 Hg^{2+} 化合物转化成低毒性和挥发性的单质汞，这种细菌在环境中分布广（窄谱抗性）。而通过将有机 Hg 转化为单质汞相应的碳氢化合物的这类细菌则相对较少（广谱抗性）。

王保军把烟草头孢霉 F_2 在含有 200mg/L HgCl 的液体培养基中生长 16h，汞量减少 90%，此后菌量迅速增加。结果表明，该菌能将 $HgCl_2$ 还原成为元素汞。据分析，约 12% 的汞挥发到气相中，7% 被菌体吸收，其余以元素汞颗粒的形态沉积在培养液底部。李志超从土壤、沉积物、污水浓度物、动物排泄物中分离出许多普通微生物，在厌氧和好氧条件下培养，结果发现其中有些微生物能把剧毒的甲基汞降解为毒性较低的无机汞。Fwukowa 证实，假单胞杆菌 K-62 可以从土壤中得到，它能分解无机汞和有机汞而形成元素汞。Spangher 首先用体外培养法，在密闭的含 50ml 培养基和 25μg 溴化甲基汞的容量瓶中接种 4 株假单胞菌，经 5d 培养，容量瓶内甲基汞减少 50%，在容量瓶上部空气中有甲烷和汞蒸气生成。

杨惠芳把芽孢杆菌和节细菌属经过高浓度 $HgCl_2$ 驯化后，有 22 株细菌提高了对 $HgCl_2$ 的抗性。当培养液中 $HgCl_2$ 为 250mg/L 时，30℃培养 48h，培养液中 $HgCl_2$ 降低到 4mg/L 左右，转化率 98%。Hansen 对大肠杆菌 KP245 进行试验，这种菌含有的克隆质粒 PRR130 基上含有抗汞基团，在生物反应器内大肠杆菌连续培养保持 2 周，将高浓度的汞（70mg/L）从污水里除去，去除率为 215mg/L · h，去除效率超过 88%。Compeau 还研究了在 Eh（-220mV）时有利于 Hg^{2+} 的甲基化，Eh（+110mV）有利于 CH_3HgCl 的去甲基化，盐浓度高抑制甲基化。Frankenberger 等以硒的生物甲基化作为基础进行原位生物修复。通过耕作、优化管理、施加添加剂等来加速硒的原位生物甲基化，使其挥发来降低加利福尼亚 Resterson 水库里硒类沉积物的毒性。此生物技术原型可应用于清除美国西部灌溉农业中的硒污染。

第二节 微生物修复重金属污染土壤的技术

目前为止，污染土壤的微生物修复技术主要有两类：原位生物浓度技术（insitu 或 on situbiologicaltreatment）和地上浓度技术（above-ground 或 exsitubiologicaltreatment）或称异位浓度技术。

原位生物修复不需将土壤挖走，其优点是费用较低但较难严格控制。原位生物浓度通常是向污染区域投放氮、磷营养物质和供氧，促进土壤中依靠有机物作为碳源的微生物的生长繁殖，或接种经驯化培养的高效微生物等，利用其代谢作用达到消耗某些有机污染物的目的。地上生物浓度法则要求把污染的土壤挖出，集中起来进行生物降解。可以设计和安装各种过程控制器或生物反应器以产生生物降解的理想条件，这样的浓度方法包括：土耕法（landfarming）、土壤堆肥法（composting）和生物泥浆法（bioslurrytreatment）。但地上生物浓度法一般适合污染物含量极高、面积较小的地块，成本也相对较高。

一、投菌法

投菌法（Bioangmentation）即直接向遭受污染的土壤接入外源的污染物降解菌，同时，提供这些细菌生长所需营养。Cutright 等使用 3 种补充的营养液与 Mycobacteriumsp 一起注入土壤中，已取得了良好的效果。

二、生物培养法

生物培养法（Bioculture）指定期向土壤投加 H_2O_2 和营养，以满足污染环境中已经存在的降解菌的需要，以便使土壤微生物通过代谢将污染物彻底矿化成 CO_2 和 H_2O。Kaempfer 向石油污染的土壤连续注入适量的氮、磷营养和 NO^-、O_2 及 H_2O_2 等电子受体，经 2d 后便可采集到大量的土壤菌株样品，其中，大多为烃降解细菌。

三、生物通气法

生物通气法是一种强迫氧化的生物降解方法。在污染的土壤上打至少 2 口井，安装鼓风机和抽真空机，将空气强排入土壤中，然后抽出，土壤中的挥发性有机毒物也随之去除。在通入空气时，加入一定量的氨气，可以为土壤中的降解菌提供氮素营养，促进其降解活力的提高。另外，还有一种生物通气法，即将空气加压后注射到污染地下水的下部，气流加速地下水和土壤中有机物的挥发和降解，有人称之为生物注射法（Biospaging）。生物通气法生物修复系统的主要制约因素是土壤结构，不适的土壤结构会使氧气和营养物在到达污染区域之前就已被消耗，因此它要求土壤具有多孔结构。土壤通气—堆肥法（Bioventing-composting）先对污染土壤进行生物通气，去除易挥发的有机污染物，然后再进行堆肥式浓度，去除难挥发的有机污染物。

第三节　微生物—植物修复

一、植物与菌根真菌的联合修复

微生物不仅能将本身分泌的质子、酶、铁载体等用来活化重金属，而且也可将土壤有机质和植物根系分泌物转化为自身利用，同时这些小分子化合物（如有机酸）对土壤中的重金属也有活化作用（郜红建，2004）。自从1887年发现豆科植物根际具有固氮功能和根瘤菌的纯培养获得成功以后，利用微生物—植物的共生关系来修复土壤重金属污染的研究便得到了迅速发展。

在长期的生物进化过程中外生菌根真菌与植物形成了互惠关系，一方面，外生菌根的形成可以明显改善寄主植物对水分、营养物质的吸收，也大大增强了寄主植物对环境压力的抵抗能力；另一方面，外生菌根真菌从植物获得其生长所必需的糖类、维生素和氨基酸等。菌根真菌也能借助有机酸的分泌来活化某些重金属离子，菌根真菌还能以其他形式，如离子交换、分泌有机配体和激素等间接作用，来影响植物对重金属的吸收（Janou ková *et al*.，2006；Marques *et al*.，2006）。在一些植物和某些真菌存在的土壤里，重金属能诱导植物体内螯合肽 pHytochelatins（PCs）的合成，致使金属离子被螯合。常见的螯合肽结构是（γ-Glu-Cys）n-Gly，Arabidopsis thaliana 细胞能够合成与螯合肽相关的缩氨酸已经被认可。但是，在 *A. thaliana* 存在的环境里，当向培养基里加入200μmol/L 的 Cd 时，还诱导了缩二氨酸 γ- 谷氨酰半胱氨酸（γ-EC）的产生（Ducruix *et al.*，2006）。这暗示，与PCs相关的缩氨酸的生物合成过程中，谷胱甘肽合成酶或氨基乙酸的可利用性是一种制约因素。因此，要想提高重金属的螯合效率，还可以间接调控谷胱甘肽合成酶或氨基乙酸的浓度。当向培养基里加入25mmol/L氨基乙酸时，将抑制γ-EC的产生。氨基乙酸的存在将影响谷胱甘肽和螯合肽的浓度，但绝大部分类螯合肽的浓度却得以显著提高。研究发现，除Cd之外，一些有毒重金属或生物必需金属（如Hg、Ni、Zn和Cu等）也能诱导合成PCs（Lee *et al.*，2003；Wang *et al.*，2007）。高等植物中PCs对缓解有毒重金属的毒害以及维持细胞内必需金属元素的动态平衡具有重要作用（Beck *et al.*，2003）。而酵母菌*Saccharomycescerevisiae*里的PCs是由羧肽酶（carboxypeptidase）CPY和CPC产生的（Wünschmanna *et al.*，2007）。

Hildebrandt（2007）报道了灌木菌根真菌与豆科植物菥蓂（*Thlaspi* ssp.）的联合修复作用，并分析了在重金属压力胁迫下植物和真菌的基因表达。在不同重金属（Cd、Cu、Zn）的浓度下，编码能耐受重金属Zn转移酶、金属硫因、90kD热休克蛋白和谷胱甘肽，硫转移酶的基因表达随着接触不同重金属也有所变化，基因转录水平得到提高。利用模拟土壤重金属污染研究发现：与对照（自来水）相比，铜绿假单胞菌（*Pseudomonas aeruginosa*）菌株BS2产生的生物活化剂鼠李糖脂液，不仅可以除掉可渗滤的Cd和Pb离子，而且也可以除掉那些被结合的金属离子，并且证实该种方法对土壤微生物群没有影响，没有破坏土壤，这是一种值得深入研究的方法

(Juwarka *et al.*，2007)。

二、植物与细菌的联合修复作用

在被重金属污染的土壤里，能促进植物生长的细菌（plantgrowth-promoting bacteria）也是近几年的研究热点（Zhuang *et al.*，2007）。细菌对金属的细胞外吸附是其抗性机制之一。细菌的分泌物质，如多聚体（主要是多糖、蛋白质和核酸），含有多种具有金属络合、配位能力的基团，如巯基、梭基等，这些基团能过离子交换或络合作用与金属结合形成金属—有机复合物，使有毒金属元素毒性降低或变成无毒化合物。Abou-Shanabab 等（2006）从生长在含 Ni 的土壤里的 *Alyssum murale* 根际周围分离出 9 个根际细菌菌落，并把它们接种到土壤里，来检验它们对土壤里 Ni 的可溶性以及对 *A. murale* 富集 Ni 的影响。结果发现，接种菌落的 *A. murale* 幼芽鲜质量和干质量与对照组并没有差异，这表明这些细菌对植物 *A. murale* 生长没有影响；受不同浓度 Ni 污染的土壤里，与对照（没有接种细菌）相比，*Microbacterium oxydans* AY509223 能显著提高 *A. murale* 植株对 Ni 离子的富集，尤其是对于高浓度（2 829.3mg/kg）Ni 离子的土壤来说效果更好，使得植物叶子 Ni 含量升高了 1 085 mg/kg；其他 8 个菌株亦均能不同程度提高植物对含 Ni 土壤的修复能力。Belimov（2005）从生长在含高浓度 Cd 土壤里的印度芥菜根际分离出 11 株耐受 Cd 的细菌菌落，发现这些菌落体内所含的 1-aminocyclopropane-1-carboxylate（ACC）脱氨酶可促进芥菜根部生长，并提高印度芥菜根系对 Cd 的吸收富集随着分子技术的发展，利用 16S rDNA分离技术（Zaidi *et al.*，2006），鉴定出一株耐受Ni的根际细菌菌株Bacillus subtilis，证实了该菌株能促进印度芥菜对Ni的富集，接种该菌株和不接种的土壤（含$NiCl_2$浓度为1 750mg/kg）里植物体内富集的N分别是0.0147%和0.094%，并且盆栽实验表明，该菌株能促进芥菜的生长。

第四节　目前研究进展及存在问题

重金属污染的土壤，不仅土壤肥力减退，作物产量与品质降低，而且水环境恶化，并通过食物链危及人类的生命健康。尤为严重的是，有毒的重金属在土壤系统中所产生的污染过程具有隐蔽性、长期性和不可逆性的特点。因此，重金属污染土壤的治理一直是国际上的难点，同时，也是热点研究课题。

对于土壤污染的修复技术与方法，国外自20世纪70年代末80年代初已开始研究，但所采用的修复重金属污染土壤的物理或化学方法，不仅价格昂贵，难以大规模治理，而且会导致土壤结构破坏，土壤生物活性下降和土壤肥力退化。因而，基于物理、化学过程的微生物、植物分解代谢土壤污染的生物修复方法，近几年发展非常迅速，不仅较物理、化学方法经济，同时，也不易产生二次污染，更适于大面积土壤的修复。而利用植物修复重金属污染土壤的措施中，采用超累积植物将重金属从土壤中提取出来。由于超累积植物生长缓慢、生物量小，使得其对污染土壤修复效果不能得到很好的发挥。此外，现在人们虽然较热衷于研究重金属的微生物的修复，但大部分只重视在污染水体中的研究，关于微生物修复重金属污染土壤的报道尚少。

在研究中发现，重金属在土壤中的活性和生物有效性受到多种因素的制约，微生物可通过其代谢活动及其产物可促进重金属的溶解或固定，以提高或降低重金属在土壤中的生物有效性。从生物技术角度出发，通过室内分离筛选，结合生物试验，从当地石灰性土壤中筛选出一些耐铅菌株，则能为重金属污染土壤的微生物修复提供新理论依据和有效途径。

第八章

耐铅菌株对铅的吸附

筛选耐铅菌株的土样来源于沿太谷至榆次108国道旁的田地中，共采集23个土样。所用的铅源为醋酸铅，培养基为细菌，放线菌和真菌培养基，即牛肉膏蛋白胨、高氏一号和PDA培养基。

第一节　耐铅菌株的筛选

初筛：称取土样1.0g，放入装有100ml无菌水的三角瓶中，振荡10min，即为10^{-2}的土壤稀释液。另取装有9ml无菌水的试管4支，编号10^{-3}、10^{-4}、10^{-5}和10^{-6}，用灭菌吸管取10^{-2}土壤稀释液1ml，加入编号10^{-3}的无菌水试管中，轻轻摇动，使之混合均匀，即为10^{-3}的土壤稀释液。同法制作10^{-4}、10^{-5}和10^{-6}土壤稀释液，供平板接种用。

将每种溶化的固体培养基中加入300mg/kg的铅，轻拌至溶解。取两套灭菌培养皿，将冷却至45℃的细菌琼脂培养基约30ml倒入每个培养皿制成平板，待凝固后编号。然后用无菌吸管吸取 0.1ml 的菌液（10^{-5}、10^{-6} 土壤稀释液）对号接种在不同稀释度编号的培养皿中的琼脂平板上，再用无菌刮铲将菌液在平板上涂抹均匀，平放于桌上 20~30min，待菌液渗透于培养基内，将培养皿倒转，保温 28~30℃培养。放线菌、真菌的筛选方法同上。放线菌取 10^{-3}、10^{-4} 的稀释液，真菌取 10^{-2}、10^{-3} 的土壤稀释液。

复筛：将初筛出的菌株分别接入相应的液体培养基中，即牛肉膏蛋白胨，高氏一号，和 PDA 培养基，其中，培养基中铅的初始浓度为 300mg/L，150r/min 摇床培养。培养一周后，吸取 2ml 培养液转入铅浓度为 500mg/L 的培养液，同法逐步提高培养基中铅浓度，每隔一周转接一次，依次转入铅浓度为 800mg/L、1 200mg/L、1 500mg/L 和 2 000mg/L 培养基。将每次培养所得溶液 0.1ml 涂布相应铅浓度的平板培养，从中挑取形态不同的菌落进行平板划线纯化分离，并保存相应铅浓度斜面。每组设 3 个重复。

通过初筛从 23 个土样中共筛选出 56 株菌株，对它们在不同铅浓度的液体培养基中驯化培养，最终筛选出 5 株耐铅性强且生长稳定的菌株，其中，2 株细菌，分别标记为 M1，M2，1 株放线菌，标记为 M3，2 株真菌，分别标记为 M4 和 M5。

第二节　耐铅菌株的分离和纯化

培养皿中长出菌落后镜检。用接种环挑取少许所用菌落，在相对应的灭菌后的平板培养基上交叉划线，其目的是通过划线将样品在平板上进行稀释，使之形成单个菌落。

划线完毕，将培养基倒置放入28~30℃恒温箱中培养2~5d后，将培养后长出的单个菌落分别挑取少许细胞，移植于斜面上进行培养。待大菌苔长出后，检查其特征是否一致，同时，将细胞涂片染色后用显微镜检查是否为单一的微生物。如果只有一种菌生长，即为纯种培养。若发现有杂菌，需要再一次进行划线分离、纯化，直到获得纯培养。

将纯化菌株转接到含铅500mg/kg的斜面培养基上，备用。

第三节　耐铅菌株的鉴定

一、耐铅细菌的鉴定

（一）形态特征

1. 革兰氏染色

取无油迹的干净载玻片，滴一滴蒸馏水，用接种环挑取少许菌苔，于水滴边缘轻轻涂几下；自然风干或微热烘干，并在火焰上通过几次，以固定涂片。

首先滴加结晶紫液，染色1min（此为初染），后用水冲净结晶紫液；滴加碘液冲洗残水，并覆盖约1min，用水冲去碘液，将片上的水甩干；再滴加95%乙醇脱色30s，并立即用水冲净乙醇；最后用蕃红液染1min（此为复染），用水洗净蕃红，风干、镜检。

用显微镜油镜观察涂片，菌体红色为革兰氏染色阴性，紫色为革兰氏染色阳性。

2. 显微镜观察

3. 芽孢染色

即孔雀绿染色法，按革兰氏染色法将细菌涂片后，用饱和的孔雀绿（Malachite green）水溶液（约为7.6%）染10min，自来水冲洗后，用0.5%蕃红液复染1min，最后水洗、吸干、镜检。

结果是芽孢呈绿色，菌体和芽孢囊呈微红色，但菌体中有异染粒时，也可呈现绿色，务须注意。

（二）生理生化特征

对细菌进行测试的项目有：①菌落形态；②过氧化氢酶的测定；③甲基红试验；④淀粉水解试验；⑤耐盐性试验；⑥糖和醇发酵试验；⑦产氨试验；⑧反硝化试验。

二、耐铅放线菌的鉴定

（一）菌落形态

（二）菌种培养

1. 插片法

将高氏一号培养基熔化后，以每皿15~18ml的量倾倒在平板，待凝固后将放线菌划线接种在皿中，然后取无菌的盖玻片以45° 插入培养基内，深约1/3（玻片必须与接种线垂直，每皿插入3~4片）盖上皿盖，置于28℃下培养7d、10d和15d，定期将盖玻片取出，观察。

2. 埋片法

制备高氏一号平板培养基，待凝固后，在平板上用小刀在中间切开2条小槽（1cm × 5cm），将槽中的培养基挑出，把放线菌孢子或菌丝接种在槽的两边，在槽上盖上无菌盖玻片1~2片，然后盖上皿盖，置于28℃下培养7d、10d和15d。

三、耐铅真菌的鉴定

（一）菌落形态

（二）镜检

用灭菌的接种针调取少许菌丝，在显微镜下观察。

耐铅菌株的菌落形态如表8-1、表8-2和表8-3所示。由表8-1、表8-2和表8-3可以看出，菌株M1为白色，菌落在2~3mm范围内，点状，隆起状为垫状，边缘完整，表面光滑，黏稠。菌株M2为土黄色，菌落在3~5mm范围内，菌落为不规则状，无隆起，边缘为波状，表面有皱褶，不黏稠。菌株M3菌落大小在2~4mm范围内，表面干燥，粉色，干燥，粉粒状，易于挑起。菌株M4大小在3~5cm范围内，青绿色，毡状，易跳起，边缘不整齐，表面为粉粒状。菌株M5大小组5~6cm范围内，白色，绒状，不易挑起，边缘不整齐，表面不光滑。

表8-1　耐铅细菌的菌落形态

菌株	菌落大小	菌落形状	隆起形状	边缘	表面	颜色	黏度
M1	2~3mm	点状	垫状	完整	光滑	白色	黏稠
M2	3~5mm	不规则状	无	波状	有皱褶	土黄色	不黏稠

表8-2　耐铅放线菌的菌落形态

菌株	菌落大小	表面特征	颜色
M3	2~4mm	干燥，粉粒状，易于挑起	粉色

表 8-3 耐铅真菌的菌落形态

菌株	外观结构	颜色	大小	是否易于挑起	边缘	表面
M4	毡状	青绿色	3~5cm	易挑起	不整齐	粉粒状
M5	绒状	白色	4~6cm	不易挑起	不整齐	不光滑

耐铅细菌和放线菌的生理生化特征如表 8-4 和表 8-5 所示，由表 8-4 和表 8-5 可以看出，菌株 M1 菌体长度为 2.9~2.2μm，革兰氏反应、芽孢染色和甲基红试验均为阴性反应，产生过氧化氢酶、淀粉水解、产氨，发生反硝化作用，在含盐量为 9%时仍能生存，在葡萄糖内能产酸，在麦芽糖、葡萄糖和乳糖内均不产气。菌株 M2 菌体长度为 3.7~2.06μm，革兰氏反应和芽孢染色均为阴性，甲基红试验均为阳性试验，产生过氧化氢酶、淀粉水解，不产氨，不发生反硝化作用。在盐含量为 9%和 15%时仍能生存，在麦芽糖、葡萄糖和乳糖内均不产酸，在葡萄糖内产气。菌株 M3 气丝颜色为乌贼灰，基丝颜色为鹿角棕，可溶性色素为粉白，孢子链为长链柔曲。

表 8-4 耐铅细菌的生理生化特征

特征	M1	M2
菌体长度	2.9~2.2μm	3.7~2.06μm
革兰氏反应	−	−
芽孢染色	−	−
甲基红试验	−	+
过氧化氢酶	+	+
淀粉水解	+	+
产氨试验	+	−
反硝化试验	+	−

续表

特征		M1	M2
耐盐性试验	9%	+	+
	15%	−	+
	21%	−	−
产酸	麦芽糖	−	−
	葡萄糖	+	−
	乳糖	−	−
产气	麦芽糖	−	−
	葡萄糖	−	+
	乳糖	−	−

表 8-5 耐铅放线菌的生理生化特征

菌株	气丝颜色	基丝颜色	可溶性色素	孢子链形态
M3	乌贼灰	鹿角棕	粉白	长链 柔曲

在显微镜下对耐铅真菌进行观察，观察结果如图 8-1 和图 8-2 所示。由图 8-1 和图 8-2 可看出，M4 孢子为卵形，M5 孢子为球形。

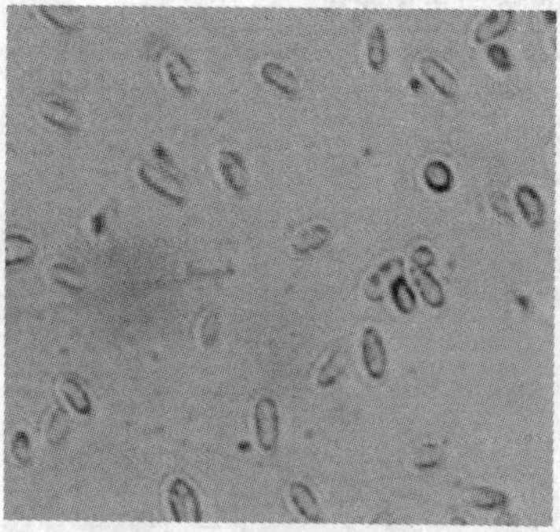

图 8-1 M4 孢子形态

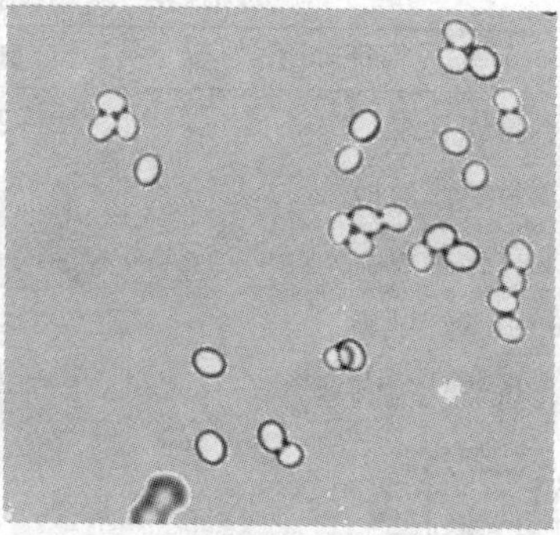

图 8-2 M5 孢子形态

根据菌株的菌落特征，生理生化特点，按《真菌分类鉴定手册》《线菌的分类和鉴定》和《一般细菌常用鉴定方法》进行检索，初步鉴定 M1、M2、M3、M4 和 M5 分别为假单胞杆菌（*Pseudomonas*）、伯克赫氏菌科（*Burkholderiaceae*）、诺卡氏菌科（*Nocardiaceae*）、木霉（*Trichoderma* spp.）和毛霉（*Racemosus*）。

第四节 耐铅菌株对溶液中铅离子的吸附

一、菌株活化和菌体富集

将保藏在 4℃冰箱的菌株接种于细菌、真菌、放线菌的液体培养基中，28℃，100r/min 摇瓶培养 3d。离心或过滤收集菌体，用吸水纸吸干后于 4℃冰箱保存备用。

二、pH 值对耐铅菌株吸附铅的影响

称取 1g 菌体接入浓度为 500ml/L，pH 值分别为 3、5、7 的 Pb^{2+} 离子溶液 100ml 悬液中，100r/min 摇瓶培养 24h。离心，取上清液测定残留离子含量。

由表 8-6 中看出，pH 值不但对不同菌株吸附的效应有差异，也影响了同一菌株对 Pb^{2+} 的吸附。pH 值为 3 时，各菌株对 Pb^{2+} 的吸附率大小为 M3>M2>M1>M5>M4，M4 的吸附率最小，为 5%，M3 最大为 10.3%，pH 值为 5 时，各菌株吸附率比在 pH 值 3 时均有升高，M5 提高的最高，提高了 388%，各菌株对 Pb^{2+} 的吸附率大小为 M5>M1>M2 >M4>M3；pH 值

为7时，M3、M4、M5对Pb^{2+}的吸附率比pH值5时均有下降，且M5下降最明显；与pH值5时M1对Pb^{2+}的吸附略有提高，提高了8%，而M2对Pb^{2+}的吸附基本不变。

从图8-3中可以看到，在pH值5的条件下，各菌株对Pb^{2+}的吸附作用最强，高于或低于5.0，对于菌株吸附Pb^{2+}均有下降。

表8-6　不同pH值条件下耐铅菌株的铅吸附率（%）

pH值	M1	M2	M3	M4	M5
3	7.5	10	10.3	5	6.7
5	28.7	25.6	18.7	21	32.7
7	31.2	25.5	15.6	7.8	11.2

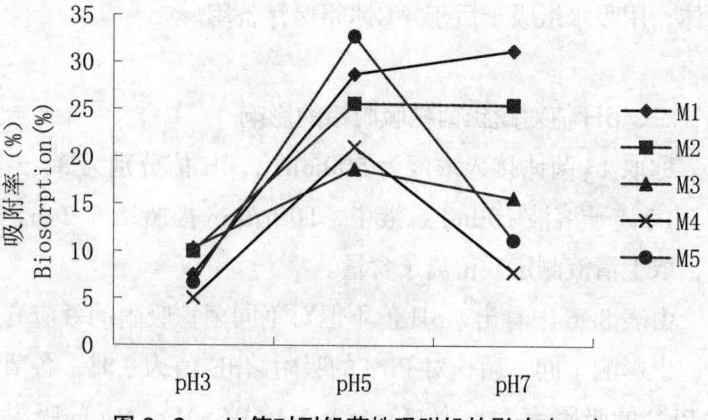

图8-3　pH值对耐铅菌株吸附铅的影响（%）

三、不同时间对耐铅菌株吸附铅的影响

称取1g湿菌体接入浓度为500ml/L，Pb^{2+}离子溶液100ml

悬液中，在28℃，100r/min摇瓶培养。分别在4h、8h、12h、24h和48h测定上清液中重金属离子的残留量。

由表8-7和图8-4可知，在接种0~48h期间，各菌株对铅的吸附在开始一段时间内菌株吸附率升高很快，而随后吸附率渐趋平衡。M1和M2随着时间的增加吸附率也逐渐增加，M3在12h内达到最大值，M4和M5在8h内吸附铅达到最大值，随后吸附率基本不变，这一特点符合“吸附+细胞膜传输”模型，即菌体对金属的吸附分2个阶段：不依靠细胞代谢

表8-7 不同时间下耐铅菌株的吸附率（%）

时间(h)	M1	M2	M3	M4	M5
4	10.3	8.5	5.3	6.4	7.1
8	17.6	18.3	12.6	9.5	15.2
12	25.8	26.4	19.2	9.4	15.9
24	34.1	30.8	19.8	9.8	15.8
48	36.7	32.7	19.5	9.7	16

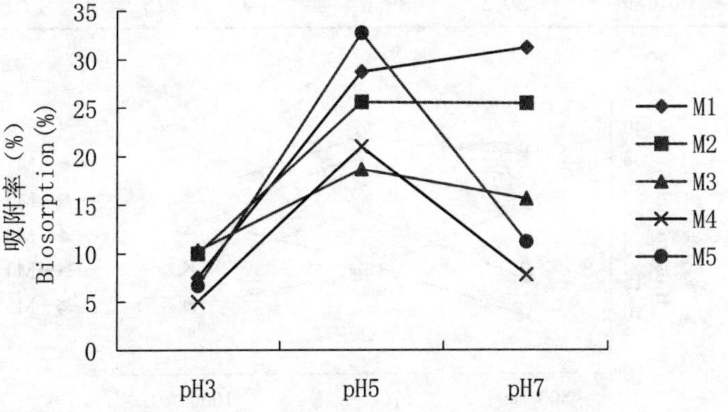

图8-4 不同时间对耐铅菌株吸附铅的影响（%）

直接结合在细胞表面，这一阶段很迅速；依靠细胞代谢向细胞内的传输过程，这一过程十分缓慢。48h 后菌株的吸附率大小为 M1>M2>M3>M5>M4。

四、不同铅浓度对吸附率的影响

取 1g 菌体，接入浓度分别为 500mg/L、700mg/L 和 1 000mg/L 的 Pb^{2+} 溶液中，28℃，100r/min 摇瓶培养 24h，测定上清液中 Pb^{2+} 的残留量，并计算各菌株的铅吸附率，结果如表 8-8 和图 8-5 所示。由表 8-8 和图 8-5 可以看出，在试验浓度范围内，M4 随着铅浓度的增加，吸附率也增加，

表 8-8 不同铅浓度下耐铅菌株的吸附率（%）

浓度	M1	M2	M3	M4	M5
500 mg/L	35.6	27.4	18.6	9.3	15.3
700 mg/L	38.5	16.2	35.7	18.6	26.3
1000mg/L	29.3	11.3	23.8	25.6	17.5

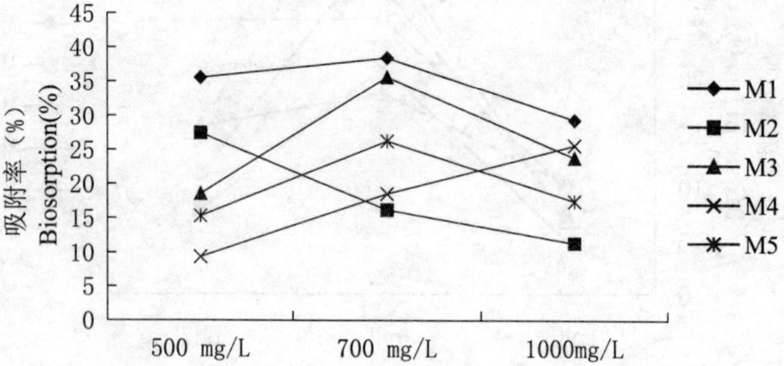

图 8-5 不同铅浓度对耐铅菌株吸附铅的影响（%）

M1、M3 和 M5 在 Pb^{2+}浓度为 700mg/L 时吸附率达到最大值，但超过这个浓度值，吸附率反而下降，而 M2 随着浓度的增加，吸附率逐渐降低，吸附率降低可能因为在较高的离子浓度下，微生物细胞某些吸附结构被破坏，使吸附率下降。

由以上分析可以得出，菌株 M2 在铅浓度为 500mg/kg 时吸附率最大，可达到 27%；菌株 M1、M3 和 M5 在铅浓度为 700mg/kg 时吸附率最大，吸附率分别可达到 38.5%，35.7% 和 26.3%；菌株 M4 在铅浓度为 1 000mg/kg 时吸附率最大为 25.6%。

五、菌体对铅的吸附率的计算

菌体对铅的吸附率（%）=（C0–C1）/C0 × 100（其中，C0 表示培养前铅的浓度，C1 表示培养后铅的浓度）

经过初筛和复筛，选出耐铅菌株 5 株，其中，细菌株 M1 和 M2，初步鉴定为假单胞杆菌属（*Pseudomonas*）和伯克赫氏菌科（*Burkholderiaceae*）；放线菌株 M3，初步鉴定为，诺卡氏菌科（*Nocardiaceae*）；真菌株 M4 和 M5，初步鉴定为木霉（*Trichoderma* spp.）和毛霉（*Racemosus*）。

耐铅菌株 M2、M3、M4 和 M5 在 pH 值 =5 时吸附率最高，吸附率大小为 M5>M2>M4>M3，而耐铅菌株 M1 在 pH 值 =7 吸附率最高，吸附率可达 31.2%；各耐铅菌株在 0~48h 期间菌株吸附率基本上是随着时间的增加而增加，且在最开始时吸附率升高很快，随后变慢，在 48h 内，吸附率大小为 M1>M2>M3>M5>M4。在铅浓度为 500~1 000mg/kg 范围内，菌株 M1、M3 和 M5 吸附率在铅浓度为 700mg/kg 时吸附率达到最高，吸附率分别可达到38.5%、35.7%和26.3%；菌株M4在铅浓度为1 000mg/kg时吸附率达到最高，为25.6%，菌株M2在铅浓度为500mg/kg时吸附率达到最高，为27%。

第九章

耐铅菌株对生菜的生物效应

本试验盆栽用土取自山西农业大学建筑工地3m深的生土，属黄土母质发育的石灰性褐土，质地为轻壤土。取回土风干后，过3mm筛，充分混匀备用。其理化及生物性状如表9-1所示。

表9-1 供试土壤基本理化性状及其生物活性

碱解氮 mg/kg	速效磷 mg/kg	速效钾 mg/kg	有机质 g/kg	质地	全铅 mg/kg
8.34	3.25	20.38	0.43	轻壤土	13.5
固氮菌数 10^3 个/g土	磷细菌数 10^4 个/g土	钾细菌数 10^3 个/g土	细菌数 10^6 个/g土	真菌数 10^3 个/g土	放线菌数 10^4 个/g土
3.41	4.62	2.95	3.95	1.12	3.19

采用盆栽法进行研究，种植作物为生菜（大将生菜），试验设计为裂区设计。主浓度为加耐铅菌株浓度M1、M2、M3，M4、M5和不加菌株的M0；副浓度为不同浓度的铅浓度，设三个水平，分别为：Pb1：铅浓度为500mg/kg，Pb2：铅浓度为1 000mg/kg，Pb3：铅浓度为1 500mg/kg。每个浓度重复3次，随机排列。

一、试验实施与管理

试验在山西农业大学资源环境学院日光温室内进行。所使用塑料盆的规格：27.5cm × 18cm 每盆装风干土 5kg。每个浓度中所施底肥 N 为 0.1g/kg、P_2O_5 为 0.1g/kg、K_2O 为 0.1g/kg。底肥分别为尿素、磷酸二氢钾、氯化钾、鸡粪，粉碎混匀后分别按试验要求称好。2005 年 4 月 21 日下午装盆，将肥料和所添加的铅与土壤充分混匀后装盆，平衡一星期，于 4 月 27 日下午播种，播种前浇水至田间持水量的 80%，每个浓度 3 次重复，随机区组排列，生长期间根据实际情况定量浇水。

分别在生菜生长到第 30d 和 60d 多点采集土样，采回后风干，研磨，过筛，以备测定。

生菜生长 60d 后即 5 月 28 日收获，植株样分地上和地下部分别采取，并用自来水和去离子水冲洗，用吸水纸吸干水分，105℃杀青 30min，70℃烘干，直至恒重，称取干重后用不锈钢粉碎机粉碎，装于纸袋，储于干燥器中待测。

二、分析项目与方法

植物铅含量：硝酸－高氯酸消煮法，原子吸收分光光度计法。

土壤铅形态：采用朱照婉 1989 年修改后的 Tessler 连续提取。

植物全氮：$H_2SO_4 - H_2O_2$ 消煮，开氏法；

植物全磷：$H_2SO_4 - H_2O_2$ 消煮，钒钼黄比色法；

植物全钾：$H_2SO_4 - H_2O_2$ 消煮，火焰光度计法；

叶绿素：丙酮乙醇混合法；

硝酸盐：水杨酸比色法；

维生素 C：2，6 —二氯靛酚法。

采用 SAS 软件结合 Excel 进行试验结果的统计运算，然后对结果进行统计分析。

第一节　耐铅菌株对生菜生物量的影响

一、耐铅菌株对生菜地上部生物量的影响

不同浓度生菜生物产量结果如图 9-1 所示，并对其进行显著性检验，检验结果列于表 9-2。从图 9-1 和表 9-2 可以看出，与对照相比，所有施加耐铅菌株的浓度除 M1 外，总生物产量均有提高，M2、M3、M4 和 M5 浓度分别提高了 12%、6.9%、12% 和 7.2%，且 M2 和 M4 浓度与对照相比差异达到了显著水平。M1 浓度的地上部生物产量略低于对照，但差异不显著。说明耐铅菌株 M2、M3、M4 和 M5 均可促进生菜地上部生物产量的提高，M2 和 M4 的促进作用更显著。同时，由表 9-2 可以看出，在土壤铅浓度为 500mg/kg 时对生菜生物产量促进作用最大的是菌株 M4，在 1 000mg/kg 和 1 500mg/kg 时促进作用最大的均是菌株 M2。

由图 9-1 和表 9-2 也可以看出，各菌株在不同铅浓度下对生物产量的影响均表现出了较大差异。在各浓度中除 M1 和 M2 外其他各菌株浓度均在 500mg/kg 浓度时生物产量达到最大值。对照 M0 和菌株 M4 的浓度中，随着外源铅的增加，生

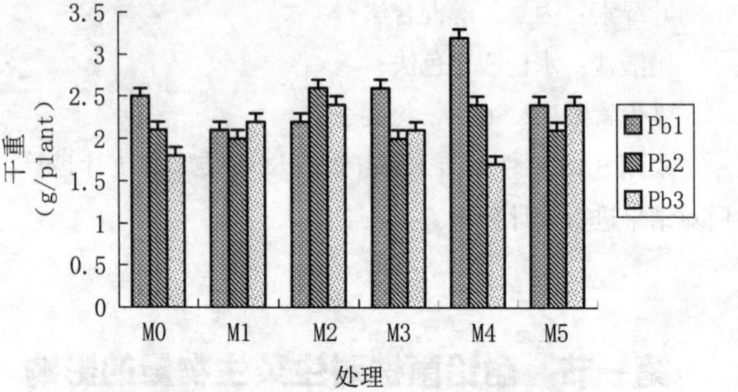

图 9-1 耐铅菌株对生菜地上部生物产量的影响（g/plant）

表 9-2 生菜地上部生物产量显著性检验结果

主浓度	平均值（g/plant）	显著性检验	副浓度	平均值（g/plant）	显著性检验
M4	2.42	a	Pb1	3.17	a
			Pb2	2.43	b
			Pb3	1.67	c
M2	2.42	a	Pb2	2.63	a
			Pb3	2.40	b
			Pb1	2.23	b
M5	2.31	ba	Pb1	2.43	a
			Pb3	2.37	a
			Pb2	2.13	a
M3	2.22	bc	Pb1	2.63	a
			Pb3	2.03	b
			Pb2	2.00	b
M0	2.15	bc	Pb1	2.53	a
			Pb2	2.13	b a
			Pb3	1.80	b

续表

主浓度	平均值（g/plant）	显著性检验	副浓度	平均值（g/plant）	显著性检验
M1	2.10	c	Pb3	2.20	a
			Pb1	2.07	a
			Pb2	2.03	a

菜地上部生物量呈下降趋势，M0的副浓度中仅Pb1与Pb3之间差异显著，在M4副浓度中，3个铅水平之间均差异显著；菌株M2浓度在铅浓度为1 000mg/kg时，生物量达到最大，比500mg/kg和1 500mg/kg水平下分别增加了18%和8%，并且差异达到了显著水平。但在1 500mg/kg和1 000mg/kg水平下差异不显著；菌株M1、M3和M5浓度的地上部生物量均随铅浓度的增加呈先降低后升高的趋势，即在土壤铅浓度为1 000mg/kg时地上部生物量最小，并且在1 000mg/kg和1 500mg/kg水平之间均差异不显著，说明在本研究的土壤铅浓度范围内，M1、M2、M3和M5菌株在土壤中高铅浓度水平下均对生物产量有一定的促进作用。

二、耐铅菌株对生菜地下部生物量的影响

不同浓度生菜地下部生物量结果如图9-2所示，并对其进行显著性检验，检验结果列于表9-3。从图9-2和表9-3可以看出，与对照相比，施加菌株M1、M2、M3、M4和M5均提高了生菜地下部生物量，分别提高了30%、53%、57%、60%和32%，且除M5浓度与对照相比差异不显著外，其他浓度与对照相比均达到了显著水平，说明菌株M1、M2、M3

和 M4 均可显著促进生菜地下部生物产量的提高。同时还可看出，铅浓度为 500mg/kg 时，菌株 M4 对生菜地下部生物量的促进作用最大；铅浓度为 1 000mg/kg 时，菌株 M3 对生菜地下部生物量的促进作用最大；铅浓度为 1 500mg/kg 时，菌株 M4 对生菜地下部生物量的促进作用最大。

由图 9-2 和表 9-3 也可以看出，在 M0 的浓度中，地下部生物量在铅浓度为 1 000mg/kg 时达到最大，比铅浓度为 500mg/kg 和 1 000mg/kg 分别提高了 21% 和 49%，且 3 个铅水平之间均达到了显著水平；M1 和 M2 浓度中生菜地下部生物量表现出先下降然后又上升的趋势，分别在铅浓度为 500mg/kg 和 1 000mg/kg 生物量达到最高；M3 和 M4 浓度中生菜地下部产量均随土壤铅浓度的增加而降低，且均在铅浓度为 500mg/kg 和 1 000mg/kg 水平之间差异达到显著水平，M5 浓度中生菜地下部产量均随土壤铅浓度的增加而增加，且铅浓度为 1 000mg/kg 和 1 500mg/kg 时的地下部生物量与 1 500mg/kg 时比差异达到了显著水平，但铅浓度为 1 000mg/kg 与 1 500mg/kg 之间差异不显著。由以上分析可知，菌株 M1、

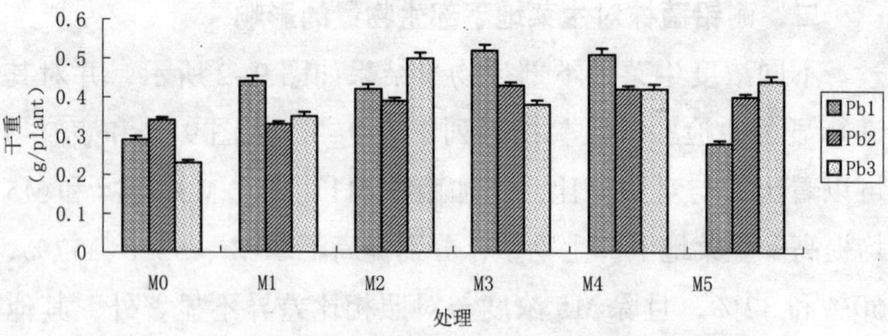

图 9-2 耐铅菌株对地下部生物量的影响（g/plant）

表 9-3　生菜地下部生物量显著性检验结果

主浓度	平均值（g/plant）	显著性检验	副浓度	平均值（g/plant）	显著性检验
M4	0.45	a	Pb1	0.51	a
			Pb2	0.42	b
			Pb3	0.42	b
M3	0.44	a	Pb1	0.52	a
			Pb2	0.43	b
			Pb3	0.38	c
M2	0.44	ba	Pb3	0.50	a
			Pb1	0.42	b
			Pb2	0.39	b
M1	0.38	b	Pb1	0.44	a
			Pb3	0.35	b
			Pb2	0.33	b
M5	0.37	c	Pb3	0.44	a
			Pb2	0.40	a
			Pb1	0.28	b
M0	0.29	c	Pb2	0.34	a
			Pb1	0.29	b
			Pb3	0.23	c

M3 和 M4 在低铅浓度下对生菜地下部生物量有促进作用，菌株 M2 和 M5 在高铅浓度下对生菜地下部生物量有促进作用。

第二节　耐铅菌株对生菜品质的影响

一、耐铅菌株对生菜叶绿素含量的影响

叶绿素是植物进行光合作用的重要物质，植物体内叶绿素含量的多少直接影响到光合作用，进而影响到植物的生物量。不同浓度生菜叶绿素含量结果如图 9-3 所示，并对其进行显著性检验，检验结果列于表 9-4。从图 9-3 和表 9-4 可以看出，与对照相比，所有施加耐铅菌株的浓度除 M1 外，总叶绿素量均有提高，M2、M3、M4 和 M5 浓度分别提高了 14%、52%、16% 和 18%，且都与对照达到了显著水平，M1 浓度的叶绿素含量略低于对照，但差异不显著。说明 M2、M3、M4 和 M5 菌株可显著促进叶绿素的提高，同时，可以看出，在 3 个铅水平下均是施加菌株 M3 对叶绿素的促进作用最大。

表由图 9-3 和表 9-4 还可以看出，各菌株在不同铅浓度

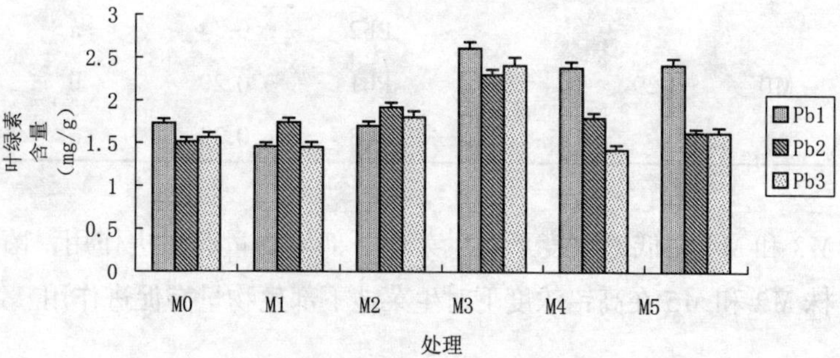

图 9-3　耐铅菌株对生菜叶绿素含量的影响（mg/g）

表 9-4　叶绿素含量显著性检验结果

主浓度	平均值（mg/g）	显著性检验	副浓度	平均值（mg/g）	显著性检验
M3	2.43	a	Pb1	2.66	a
			Pb3	2.37	b
			Pb2	2.25	c
M5	1.89	b	Pb1	2.39	a
			Pb2	1.64	b
			Pb3	1.63	b
M4	1.86	b	Pb1	2.34	a
			Pb2	1.84	b
			Pb3	1.38	c
M2	1.79	c	Pb2	1.85	a
			Pb3	1.84	a
			Pb1	1.65	b
M0	1.60	d	Pb1	1.72	a
			Pb3	1.55	b
			Pb2	1.51	b
M1	1.56	d	Pb2	1.74	a
			Pb1	1.46	b
			Pb3	1.45	b

下对叶绿素的影响均表现出了较大差异。对照 M0 和 M5 浓度中叶绿素含量在土壤铅浓度为 500mg/kg 达到最大，在 1 000mg/kg 到 1 500mg/kg 范围内基本保持不变，并且铅浓度 500mg/kg 时叶绿素含量与 1 000mg/kg 和 1 500mg/kg 水平相比均达到了显著水平。M1 和 M2 浓度中，叶绿素含量先升高后降低，在铅浓度为 1 000mg/kg 达到最大，分别为 1.74mg/g 和

1.854mg/g，M1浓度中，铅浓度在1 000mg/kg水平时的叶绿素值与500mg/kg和1 500mg/kg相比均达到了显著水平，M2浓度中，铅浓度在1 000mg/kg与1500mg/kg水平下叶绿素值之间差异不显著，而与500mg/kg达到了显著水平。浓度M3中叶绿素含量先下降后又有所升高，在土壤铅浓度为500mg/kg时达到最大，比1 000mg/kg和1 500mg/kg水平下分别提高了18%和15%，并达到了显著水平；浓度M4中叶绿素含量随着土壤铅浓度的增加而降低，且3个铅水平之间均达到了显著水平。

二、耐铅菌株对生菜硝酸盐含量的影响

不同浓度生菜硝酸盐结果如图9-4所示，并对其进行显著性检验，检验结果列于表9-5，与对照相比，M2、M3、M4和M5浓度的硝酸盐含量均有所降低，分别降低了17.7%、27.7%、25.1%和13%，与对照相比差异均达到了显著水平。施加菌株M1生菜硝酸盐比对照提高了15.40%，差异也达到了显著水平。以上说明菌株M1可促进硝酸盐的合成，而菌株M2、M3、M4和M5则对硝酸盐的合成显著抑制。

由图9-4和表9-5也可以看出，M0、M2、M3、M4和M5浓度中3个铅水平之间硝酸盐均差异显著，各菌株浓度的硝酸盐含量随土壤铅浓度的增加逐渐增加；而M1浓度硝酸盐在铅为1 000mg/kg和1 500mg/kg时差异不显著，在铅为500mg/kg和1 500mg/kg时差异显著。

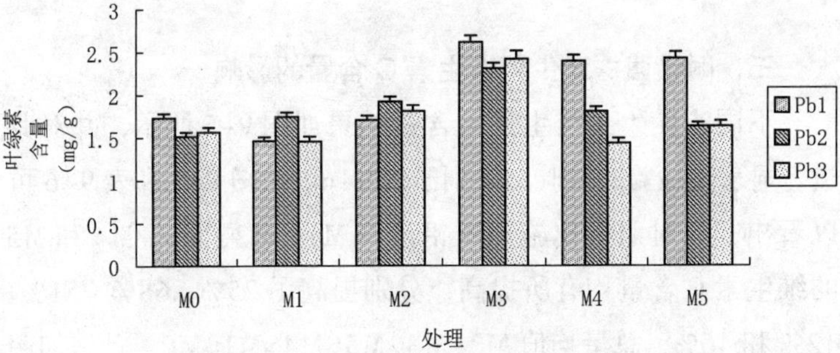

图 9-4 耐铅菌株对硝酸盐含量的影响（mg/kg）

表 9-5 生菜硝酸盐含量显著性检验结果

主浓度	平均值（mg/kg）	显著性检验	副浓度	平均值（mg/kg）	显著性检验
M1	356.46	a	Pb3	390.2	a
			Pb2	374.6	a
			Pb1	304.6	b
M0	308.76	b	Pb3	357.9	a
			Pb2	317.3	b
			Pb1	251.1	c
M5	268.53	c	Pb3	348.1	a
			Pb2	264.7	b
			Pb1	192.8	c
M2	253.83	dc	Pb3	306.5	a
			Pb2	245.2	b
			Pb1	209.7	c
M4	231.01	dc	Pb3	312.9	a
			Pb2	223.9	b
			Pb1	156.2	c
M3	223.13	d	Pb3	282.4	a
			Pb2	216.4	b

三、耐铅菌株对生菜维生素 C 含量的影响

不同浓度生菜维生素 C 含量结果如图 9-5 所示，并对其进行显著性检验，检验结果列于表 9-6。从图 9-5 和表 9-6 可以看出，与对照相比施加耐铅菌株 M1、M2、M3、M4 和 M5 的维生素 C 含量均有所提高，分别提高了 25%、68%、51%、42% 和 46%，总量均值 M2>M3>M5>M4>M1>M0，且施加菌株的浓度均与对照之间差异显著，但 M3、M4 和 M5 浓度之间差异不显著，由此可说明，施加菌株均对生菜维生素 C 含量有显著促进作用，并且从表中可以看出，在 3 个铅水平下施加菌株 M2 生菜维生素 C 含量均达到最大。

由图 9-5 和表 9-6 也可以看出，各菌株在不同铅浓度下对生物产量的影响均表现出了较大差异。对照 M0 中维生素 C 含量随铅浓度的增加而降低，且副浓度之间达到了差异显著水平，说明铅对维生素 C 的形成产生了明显的抑制作用。浓度 M1 在土壤铅浓度为 500mg/kg 时维生素 C 达到最大值，比 1 000mg/kg 和 1 500mg/kg 水平下分别提高了 14% 和 28%，并且差异达到

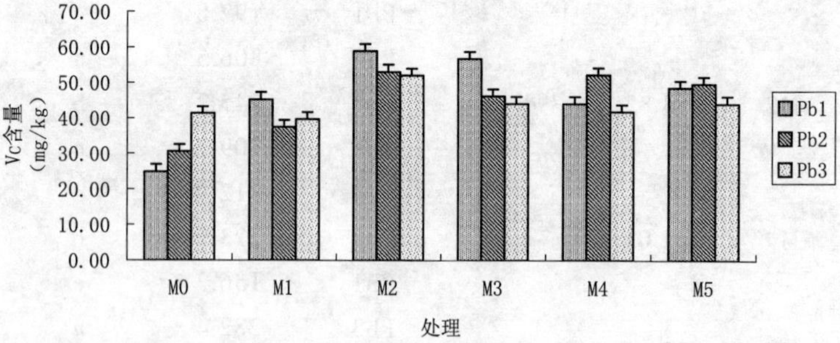

图 9-5 耐铅菌株对维生素 C 的影响（mg/kg）

表 9-6　生菜体内维生素 C 含量显著性检验结果

主浓度	平均值（mg/kg）	显著性检验	副浓度	平均值（mg/kg）	显著性检验
M2	55.26	a	Pb1	59.46	a
			Pb2	53.66	b
			Pb3	52.66	b
M3	49.69	b	Pb1	57.40	a
			Pb2	46.93	b
			Pb3	44.73	b
M5	48.13	b	Pb1	50.40	a
			Pb2	49.26	a
			Pb3	44.73	b
M4	46.71	b	Pb2	52.93	a
			Pb1	44.73	b
			Pb3	42.46	b
M1	41.33	c	Pb1	45.86	a
			Pb3	40.20	b
			Pb2	37.93	c
M0	32.82	d	Pb3	41.86	a
			Pb2	31.13	b
			Pb1	25.46	c

了显著水平。施加菌株 M4 在土壤铅浓度为 1 000mg/kg 时维生素 C 达到最大值，与 500mg/kg 和 1 500mg/kg 水平比均达到了显著水平。菌株 M2、M3 和 M5 浓度的维生素 C 含量随土壤铅浓度的增加而降低，且在铅浓度为 500mg/kg 和 1 500mg/kg 之间差异显著。

第三节　耐铅菌株对生菜养分含量的影响

一、耐铅菌株对生菜植株全氮含量的影响

不同浓度生菜氮含量结果如图 9-6 所示，并对其进行显著性检验，检验结果列于表 9-7。从图 9-6 和表 9-7 可以看出，与对照相比所有施加耐铅菌株的浓度除 M1 外，植株氮含量均有提高，M2、M3、M4 和 M5 浓度分别提高了 17%、23%、10% 和 14%，与对照相比差异达到了显著水平。M1 浓度的氮含量低于对照，且差异也达到了显著水平。说明菌株 M1 可明显抑制氮的吸收，而菌株 M2、M3、M4 和 M5 可促进氮的吸收。由表可以看出，土壤铅浓度为 500mg/kg 和 1 500mg/kg 时，施加菌株 M3 生菜的氮含量最高，土壤铅浓度为 1 000mg/kg 施加菌株 M2 生菜的氮含量最高。

由图 9-6 和表 9-7 也可以看出，对照 M0 和 M2 浓度氮含量随铅浓度的增加呈现先上升后下降的趋势，在铅为

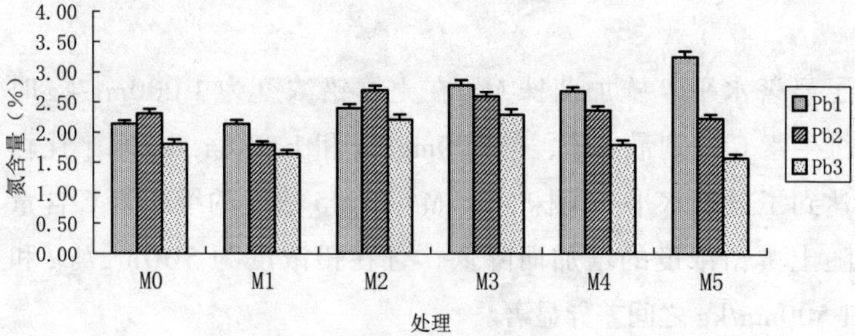

图 9-6　耐铅菌株对生菜植株全氮的影响（%）

表 9-7 生菜植株全氮著性检验结果

主浓度	平均值(%)	显著性检验	副浓度	平均值(%)	显著性检验
M3	2.56	a	Pb1	2.80	a
			Pb2	2.60	ab
			Pb3	2.30	b
M2	2.43	b a	Pb2	2.70	a
			Pb1	2.40	b
			Pb3	2.20	b
M5	2.36	b	Pb1	3.26	a
			Pb2	2.23	b
			Pb3	1.60	c
M4	2.28	b	Pb1	2.70	a
			Pb2	2.36	b
			Pb3	1.80	c
M0	2.07	c	Pb2	2.30	a
			Pb1	2.13	a
			Pb3	1.80	b
M1	1.85	d	Pb1	2.13	a
			Pb2	1.80	b
			Pb3	1.63	b

1 000mg/kg 水平时达到最大，且均与铅为 1 500mg/kg 水平之间达到差异显著。M1、M3、M4 和 M5 浓度氮含量随铅浓度的增加而逐渐降低，其中，M4 和 M5 浓度中，3 个铅水平之间的氮含量均差异显著，而 M1 和 M3 浓度中，氮含量仅在土壤铅为 500mg/kg 和 1 500mg/kg 水平之间差异显著。

二、耐铅菌株对植株磷含量的影响

不同浓度生菜磷含量结果如图 9-7 所示，并对其进行显著性检验，检验结果列于表 9-8。从图 9-7 和表 9-8 可以看出，与对照相比，所有施加耐铅菌株的浓度除 M1 外，生菜磷含量均有提高，M2、M3、M4 和 M5 浓度分别提高了 25%、24%、28% 和 18%，且与对照相比差异达到了显著水平。由以上分析可知，施加菌株 M2、M3、M4 和 M5 可显著促进生菜对磷的吸收，M1 却显著抑制了磷的吸收。由表可以看出在土壤铅浓度为 500mg/kg 下施加菌株 M2 生菜磷含量达到最大，铅浓度为 1 000mg/kg 和 1 500mg/kg 施加菌株 M4 生菜磷含量达到最大。

由图 9-7 和表 9-8 也可以看出，各菌株在不同铅浓度下对磷含量的影响均表现出了一定差异。浓度 M0 和 M4 中，生菜磷含量随铅浓度的增加先升高后降低，在铅为 1 000mg/kg 时达到最大，分别为 0.60% 和 0.75%，且均在铅为 1 000mg/kg

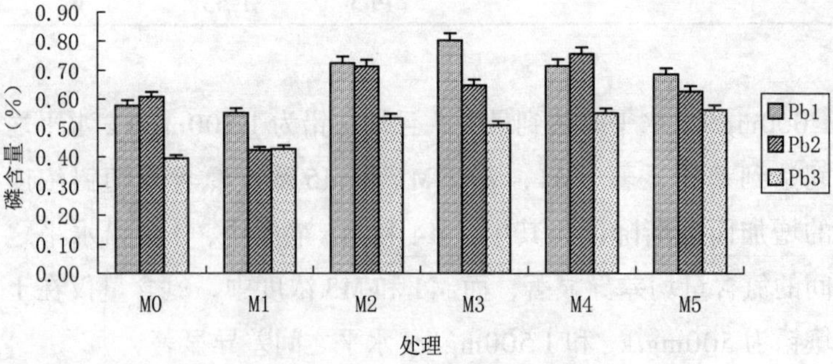

图 9-7　耐铅菌株对生菜植株全磷的影响（%）

表 9-8 生菜植株全磷显著性检验结果

主浓度	平均值（%）	显著性检验	副浓度	平均值（%）	显著性检验
M4	0.68	a	Pb2	0.76	a
			Pb1	0.72	b
			Pb3	0.55	c
M2	0.66	b	Pb1	0.72	a
			Pb2	0.71	a
			Pb3	0.53	b
M3	0.65	b	Pb1	0.80	a
			Pb2	0.65	b
			Pb3	0.51	c
M5	0.63	c	Pb1	0.69	a
			Pb2	0.63	b
			Pb3	0.56	c
M0	0.53	d	Pb2	0.61	a
			Pb1	0.58	a
			Pb3	0.39	b
M1	0.47	c	Pb1	0.55	a
			Pb3	0.43	b
			Pb2	0.42	b

和 1 500mg/kg 水平之间差异显著。菌株 M2、M3 和 M5 浓度下的磷含量随土壤铅浓度的增加而降低，且 M3 和 M5 的副浓度，在 3 个铅水平之间均差异显著。M1 浓度中生菜磷含量在土壤铅浓度为 500mg/kg 时达到最高，比 1 000mg/kg 和 1 500mg/kg 分别增加了 31% 和 30%，且均达到了差异显著。由以上分析可以说明，M2、M3 和 M5 在低铅浓度下对植株的磷吸收促进

作用最大。

三、耐铅菌株对植株钾含量的影响

同浓度生菜钾含量结果如图 9-8 所示，并对其进行显著性检验，检验结果列于表 9-9。从图 9-8 和表 9-9 可以看出，与对照相比，施加耐铅菌株 M3 和 M4 生菜钾含量略有升高，分别比对照提高了 1.8% 和 3.1%，且与对照相比差异均不显著。施加菌株 M1、M2 和 M5 与对照相比，生菜钾含量都有所下降，分别下降了 15%、20% 和 22%，它们均于对照相比达到了差异显著水平，说明施加菌株 M1、M2 和 M5 可显著抑制植株对钾的吸收。同时也可看出，土壤铅浓度为 500mg/kg 和 1 000mg/kg 下施加菌株 M5 生菜钾含量最小，铅浓度为 1 500mg/kg 施加菌株 M5 生菜钾含量最小。

由图 9-8 和表 9-9 也可以看出，M0 和 M3 浓度下生菜中钾含量随着土壤铅浓度的增加呈先上升后下降的趋势，在土壤铅浓度为 1 000mg/kg 时达到最大，分别为 3.7% 和 3.7%，且分别铅为 1 000mg/kg 和 1 500mg/kg 达到差异显著。M1、

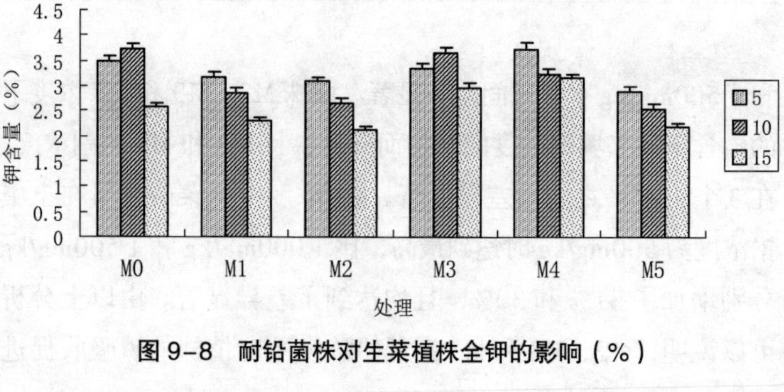

图 9-8　耐铅菌株对生菜植株全钾的影响（%）

表 9-9　生菜植株全钾显著性检验结果

主浓度	平均值（%）	显著性检验	副浓度	平均值（%）	显著性检验
M4	3.42	a	Pb1	3.78	a
			Pb2	3.27	b
			Pb3	3.19	b
M3	3.37	a	Pb2	3.70	a
			Pb1	3.39	b
			Pb3	3.00	c
M0	3.30	a	Pb2	3.77	a
			Pb 1	3.51	a
			Pb3	2.61	b
M1	2.81	b	Pb1	3.20	a
			Pb2	2.88	b
			Pb3	2.33	c
M2	2.65	c	Pb1	3.12	a
			Pb2	2.67	b
			Pb3	2.15	c
M5	2.58	d	Pb1	2.93	a
			Pb2	2.57	b
			Pb3	2.23	c

M2、M4 和 M5 浓度下生菜中钾含量随着铅浓度的增加而降低，即在铅浓度为 1 500mg/kg 时达到最大，分别为 3.2%、3.1%、3.7% 和 2.9%，且 M1、M2 和 M5 浓度中的副浓度之间均差异显著，由此可以看出，菌株 M1、M2 和 M5 随铅浓度的增加对钾吸收的抑制作用越强。

第四节　耐铅菌株对生菜吸收铅的影响

一、耐铅菌株对生菜植株铅含量的影响

不同浓度生菜植株铅含量结果如图 9-9 所示，并对其进行显著性检验，检验结果列于表 9-10。由图 9-9 和表 9-10 可以看出，与对照相比，菌株 M2、M3、M4 和 M5 均提高了生菜植株内的铅含量，与对照相比分别增加了 33%、25%、23%和 20%，而 M1 却降低了植株体内的铅含量，总量均值 M2>M3>M4>M5>M0>M1，且与对照相比，施加菌株的浓度均与对照相比达到了显著水平，由此可以看出，M2、M3、M4 和 M5 均显著促进了生菜植株对铅的吸收，而 M1 抑制了植株对铅的吸收。由表可以看出，在土壤铅浓度为 500mg/kg 和 1 000mg/kg 施加菌株 M3 对生菜植株中铅的吸收促进作用最大，铅浓度为 1 500mg/kg 时施加菌株 M2 对生菜植株中铅

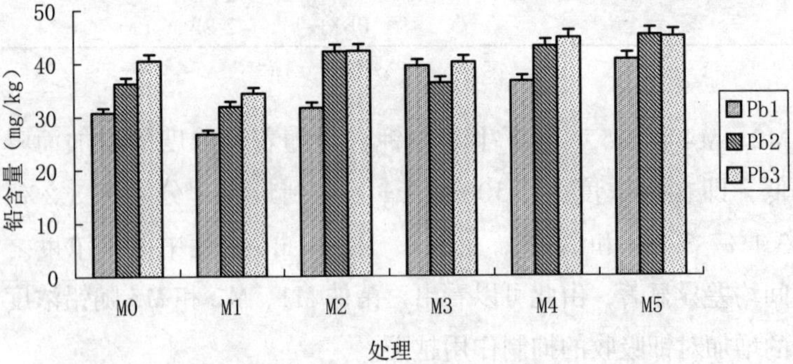

图 9-9　耐铅菌株对植株铅含量的影响（mg/kg）

表 9-10　植株铅吸收进行显著性检验结果

主浓度	平均值（mg/kg）	显著性检验	副浓度	平均值（mg/kg）	显著性检验
M2	16.06	a	Pb3	20.57	a
			Pb2	16.36	b
			Pb1	11.27	c
M3	15.35	a	Pb3	17.20	a
			Pb2	16.46	a
			Pb1	12.39	b
M4	14.81	a	Pb3	18.93	a
			Pb2	13.41	b
			Pb1	12.10	c
M5	14.57	a	Pb3	16.20	a
			Pb2	14.84	b
			Pb1	13.26	b
M0	12.17	b	Pb3	15.57	a
			Pb2	12.40	b
			Pb1	8.53	c
M1	9.83	c	Pb3	13.67	a
			Pb2	9.13	b
			Pb1	6.70	c

的吸收促进作用最大。

由图 9-9 和表 9-10 也可以看出，所用浓度中植株中的铅含量随着土壤中铅浓度的增加而增加，即均在土壤铅浓度为 1 500mg/kg 时达到最大，且 M0、M1、M2 和 M4 浓度中的植株铅含量在 3 个铅水平之间均达到显著水平，M3 和 M5 浓度中铅水平在 1 500mg/kg 与 500mg/kg 时生菜植株铅含量均达到显著水平。由以上分析可以看出，土壤铅浓度在 1 500mg/kg 均显著促进了生菜植株对铅的吸收。

二、耐铅菌株对生菜根系铅含量的影响

不同浓度生菜根系铅结果如图 9-10 所示，并对其进行显著性检验，检验结果列于表 9-11。从图 9-10 和表 9-11 可以看出，各浓度生菜根系铅 M5> M4> M3> M2> M0> M1，与对照相比，所有施加耐铅菌株的浓度除 M1 外，生菜根系铅总量均有提高，M2、M3、M4 和 M5 浓度分别提高了 8.1%、8.3%、15.8%和 21.8%，且 M4 和 M5 浓度与对照相比差异达到了显著水平。M1 浓度的生菜根系铅低于对照，且差异显著。说明耐铅菌株 M2、M3、M4 和 M5 均可促进生菜根系铅的吸收，M4 和 M5 的促进作用更显著。同时，由表 9-11 可以看出，在 3 个铅水平下对生菜铅吸收促进作用最大的均是菌株 M5。

由图 9-10 和表 9-11 也可以看出，各菌株在不同铅浓度下对生菜根系铅影响均表现出了较大差异。M0、M1 和 M4 浓

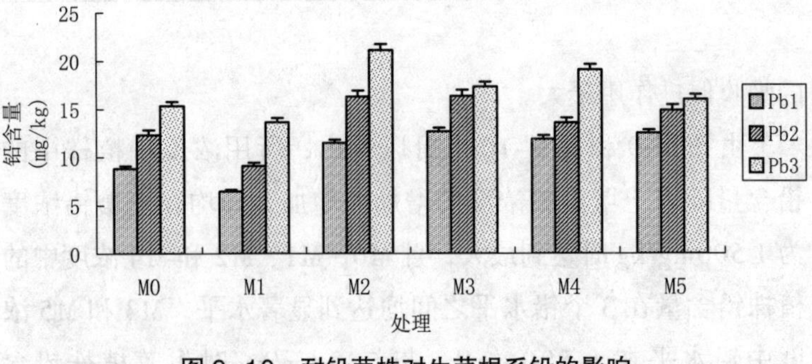

图 9-10 耐铅菌株对生菜根系铅的影响

表 9-11　根部铅显著性检验结果

主浓度	平均值（mg/kg）	显著性检验	副浓度	平均值（mg/kg）	显著性检验
M5	43.67	a	Pb2	45.28	a
			Pb3	45.00	a
			Pb1	40.73	b
M4	41.52	ba	Pb3	44.76	a
			Pb2	43.17	a
			Pb1	39.07	b
M3	38.79	bc	Pb3	40.20	a
			Pb1	39.11	a
			Pb2	36.33	a
M2	38.73	bc	Pb3	42.3	a
			Pb2	42.16	a
			Pb1	31.73	b
M0	35.83	c	Pb3	40.52	a
			Pb2	36.21	b
			Pb1	30.87	c
M1	30.99	d	Pb3	34.43	a
			Pb2	31.96	a
			Pb1	26.6	b

度生菜根系铅随土壤铅浓度的增加而增加，M4 和 M1 浓度在铅浓度为 500mg/kg 和 1 500mg/kg 时根系铅达到差异显著。M3 浓度的根系铅表现为先升高后降低的趋势，但 M3 的 3 个副浓度之间均差异不显著。M2 和 M5 浓度的根系铅在土壤铅浓度为 500mg/kg 和 1 000mg/kg 时急剧升高，两者达到差异显著，而在铅浓度在 1 000mg/kg 和 1 500mg/kg 时基本保持

不变，说明菌株 M2 和 M5 在土壤铅浓度 1 500mg/kg 时不再对根系铅吸收有促进作用。

三、耐铅菌株对生菜铅总量的影响

不同浓度下生菜铅总量的结果如表 9-11 所示，并对其进行显著性检验，检验结果列于表 9-12。从图 9-11 和表 9-12 可以看出，与对照相比，所有施加耐铅菌株的浓度除 M1 外，总铅量均有提高，M2、M3、M4 和 M5 浓度分别提高了 53%、41%、49%和 40%，总量均值 M2 >M4> M3> M5> M0 >M1，且各浓度均与对照相比差异均达到了显著水平，但浓度 M2 和 M4，M3 和 M5 之间差异不显著。同时由表 9-12 可以看出土壤铅浓度为 500mg/kg 时施加菌株 M4 对生菜总铅量最大，铅浓度为 1 000mg/kg 时和 1 500mg/kg 时施加菌株 M2 对生菜总铅量最大。

由图 9-11 和表 9-12 也可以看出，不施加菌株的 M0 浓度中，生菜铅总量在铅浓度为 1 000mg/kg 时达到最大，与 500mg/kg 和 1 500mg/kg 相比增加了 23 % 和 18 %，并与 500mg/kg 水平下差异达到显著水平，M1、M2 和 M5 浓度中

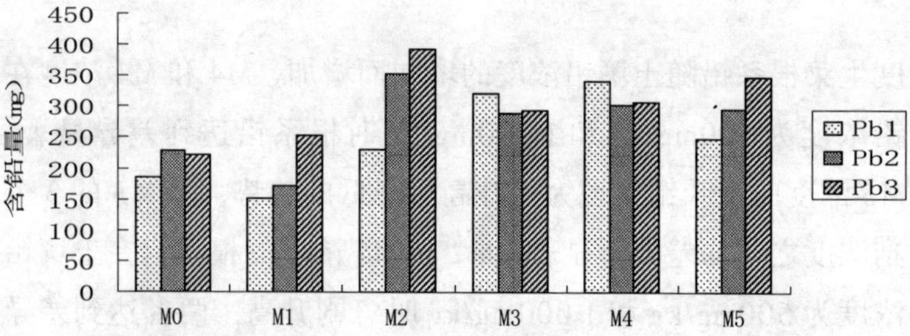

图 9-11　耐铅菌株对生菜铅总量的影响（mg/plant）

表 9-12 生菜铅总量显著性检验结果

主浓度	平均值（mg/plant）	显著性检验	副浓度	平均值（mg/plant）	显著性检验
M2	326.2	a	Pb3	394.00	a
			Pb2	352.78	b
			Pb1	231.68	c
M3	317.4	ab	Pb1	340.48	a
			Pb3	307.64	b
			Pb2	304.05	b
M4	301.3	c	Pb1	321.11	a
			Pb3	293.00	ab
			Pb2	289.75	b
M5	297.8	cd	Pb3	349.20	a
			Pb2	295.78	b
			Pb1	248.28	c
M0	212.3	e	Pb2	229.46	a
			Pb3	221.13	a
			Pb1	186.34	b
M1	192.1	f	Pb3	252.42	a
			Pb2	172.36	b

生菜铅总量随着铅浓度的增加而增加，且 M2 和 M5 浓度中 3 个铅水平下的铅总量之间差异均到达了显著水平，而 M1 浓度中仅在铅浓度为 1 000mg/kg 和 1 500mg/kg 下差异达到了显著水平。M3 浓度中，生菜铅总量表现出先下降后上升的趋势，在铅浓度为 500mg/kg 下铅总量达到最大，并与铅水平在 1 000mg/kg 时差异达到显著水平。

四、耐铅菌株对生菜根叶铅之比的影响

图 9-12 耐铅菌株对生菜根叶铅之比的影响。

不同浓度生菜根叶铅之比结果如图 9-12 所示，并对其进行显著性检验，检验结果列于表 9-13。从图 9-12 和表 9-13 可以看出，各浓度总量 M1>M0>M5>M4>M3>M2。M1 浓度的根叶铅之比高于对照，提高了 9.4%，达到了显著水平，M2、M3、M4 和 M5 浓度的根叶铅之比低于对照，分别降低了 18.4%、15.4%、5.8% 和 1%，只有 M2 和 M3 与对照之间差异显著。以上说明菌株 M2 和 M3 可显著降低生菜根叶铅之比，即使铅从根系向叶子迁移的可能性增加，而菌株 M1 显著提高了根叶铅之比，说明菌株 M1 降低了根系向叶子迁移的可能性。

由图 9-12 和表 9-13 也可以看出，各菌株在不同铅浓度下对生菜根叶铅之比的影响均表现出了较大差异。M0、M1、M2 和 M5 浓度中生菜根叶铅之比随土壤铅浓度的增加而降低，且生菜根叶铅之比均在土壤铅浓度 500mg/kg 和 1 500mg/kg

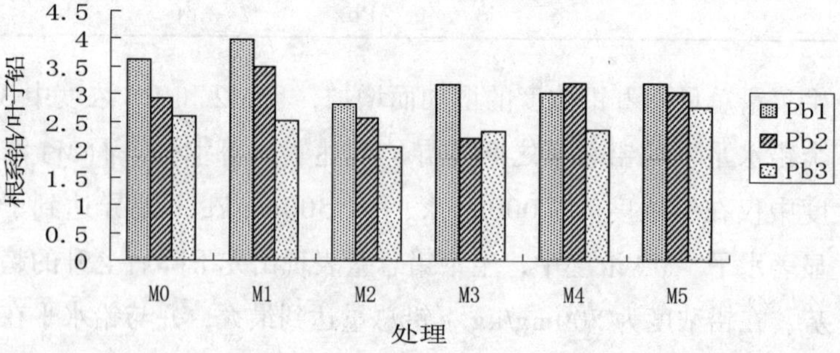

图 9-12　耐铅菌株对生菜根叶铅之比的影响（mg/kg）

表 9-13 生菜根叶铅之比显著性检验结果

主浓度	平均值	显著性检验	副浓度	平均值	显著性检验
M1	3.34	a	Pb1	3.99	a
			Pb2	3.50	a
			Pb3	2.52	b
M0	3.05	b	Pb1	3.62	a
			Pb2	2.92	b
			Pb3	2.60	b
M5	3.02	b	Pb1	3.22	a
			Pb2	3.05	ab
			Pb3	2.78	b
M4	2.87	b	Pb2	3.22	a
			Pb1	3.03	a
			Pb3	2.36	b
M3	2.58	c	Pb1	3.20	a
			Pb2	2.34	b
			Pb3	2.21	b
M2	2.49	c	Pb1	2.82	a
			Pb2	2.58	a
			Pb3	2.06	b

时差异达到显著水平。M3 浓度根叶铅之比随铅浓度的增加先下降然后基本保持不变，M4 浓度根叶铅之比随铅浓度的增加而下降，在铅浓度为 1 000mg/kg 时达到最大值 3.2，比铅浓度为 500mg/kg 和 1 500mg/kg 时分别增加了 6.6% 和 39%，且与铅为 1 500mg/kg 时达到差异显著。

五、耐铅菌株对土壤中铅形态的影响

对生菜中期和后期土壤中的铅形态进行分析，分析结果如表 9–14 所示。由表可以看出，各形态的铅含量铁锰结合态 > 碳酸盐结合态 > 交换态 > 有机态残 > 渣态，并且随着土壤中铅浓度的增加各形态的铅含量也增加，并且交换态和碳酸盐结合态中期 > 后期，铁锰结合态、有机态和残渣态中期 < 后期，交换态和碳酸盐结合态是易被植物吸收的铅形态，而铁锰结合态、有机态和残渣态均是不易被植物吸收的形态，说明随时间的推移，土壤中铅形态由易吸收态向难吸收态转变。

表 9–14 耐铅菌株对中期和后期铅形态的影响

浓度	中期					后期				
	A	B	C	D	E	A	B	C	D	E
Pb1M0	29.5	61.2	361	35	8.2	19.8	51.3	375.4	37	13.4
Pb1M1	41.7	78.7	328	37.5	9.7	32	70.3	337	40.5	15.7
Pb1M2	37.7	72.7	331	38.9	11.5	28	62.4	341	41.9	17.5
Pb1M3	35.75	67.6	348	36.8	7.5	26.05	60.3	357	41.8	14.3
Pb1M4	42.75	78.4	341	28.7	6.8	33.05	69.1	349	31.7	13.1
Pb1M5	35.2	68.3	349	38.36	5.8	24.5	62.4	355	42.5	12.7
Pb2M0	58.1	120.8	728	69.4	15.3	42.9	108	742	76.4	26.1
Pb2M1	81.3	158.7	652	78.1	21.5	67.8	139.3	669	87.2	31.5
Pb2M2	74.1	147.3	664	81.2	25	57.8	131.7	684	85.2	35
Pb2M3	72.4	137.9	694	71.8	16.7	58.7	119.5	712	78.4	26.7
Pb2M4	78.6	154.8	687	56.2	15.7	63.4	134.7	709	62.4	25.6
Pb2M5	73.4	135.2	694	74.8	14.3	60.2	113.3	712	82.7	25.5
Pb3M0	87.1	180.4	1095	107	21.2	61.3	160.4	1121	118	34.1

续表

浓度	中期					后期				
	A	B	C	D	E	A	B	C	D	E
Pb3M1	124.7	237.2	988	111.6	30.1	102.1	214.8	1011	124	44.6
Pb3M2	111.3	220	1008	113.5	37.1	88.1	201.7	1021	127	53.1
Pb3M3	109.7	205.7	1040	114.6	21.8	86.4	182.4	1063	126	36.5
Pb3M4	122.6	231.7	1028	88.1	21.4	99.6	211.3	1054	98.4	36.2
Pb3M5	101.4	207.9	1042	118	21.3	85.4	189.4	1062	124	34.8

注：表中 A、B、C、D 和 E 分别代表交换态、碳酸盐结合态、铁锰结合态、有机态和残渣态

在生菜中期和后期，在 3 个铅水平下，与对照相比，施加菌株各浓度均促进了交换态和碳酸盐结合态铅的形成，但却抑制了铁锰结合态的形成，交换态和碳酸盐结合态是易被植物吸收的形态，铁锰结合态是不易被植物吸收的铅形态，由此说明施加菌株提高了土壤中铅的有效性。对于有机态来说，在 3 个铅水平下，与对照相比仅施加菌株 M4 抑制了有机态的形成，其他菌株均促进了它的形成，对于残渣态来说，在生菜中期，土壤铅浓度为 500mg/kg 时，菌株 M3、M4 和 M5 抑制了它的形成，M1 和 M2 促进了它的形成，在土壤铅浓度为 1 000mg/kg 和 1 500mg/kg 时，仅 M5 抑制了残渣态的形成；在生菜后期，土壤铅浓度为 500mg/kg 和 1 000mg/kg 时，菌株 M4 和 M5 抑制了土壤中残渣态形成，其他菌株促进了它的形成，土壤铅浓度为 1 500mg/kg 时，施加菌株均促进了土壤中残渣态形成。

第五节　耐铅菌株对生菜的生物效应

第一，菌株 M2 和 M4 可显著提高生菜地上部生物量，比对照分别提高了 12%，而菌株 M1、M2、M3 和 M4 对生菜地下部生物产量的增加均有显著促进作用，与对照相比分别提高了 30%、53%、57%和 60%。

第二，各菌株对生菜维生素 C 均有显著促进作用，促进作用最大的是菌株 M2，比对照提高 68%；菌株 M2、M3、M4 和 M5 对生菜叶绿素的提高有较明显的促进作用，促进作用最大的是菌株 M3，与对照相比提高了 52%；菌株 M2、M3、M4 和 M5 则显著抑制了硝酸盐的合成，而菌株 M1 可显著促进硝酸盐的合成，与对照相比提高了 15.40%。

第三，施加菌株 M2、M3、M4 和 M5 均对生菜的氮磷均有显著促进作用，而菌株 M1 却对它们有抑制作用，施加菌株 M3 和 M4 生菜钾含量与对照相比略有升高，但差异均不显著，菌株 M1、M2 和 M5 显著抑制了植株对钾的吸收，抑制作用最大的是菌株 M5，与对照相比降低了 22%。

第四，施加菌株 M2 和 M3 显著促进了生菜植株对铅的吸收，菌株 M4 和 M5 不但对生菜植株的铅吸收促进作用显著，对根系的铅吸收同样显著，菌株 M1 对植株和根系的铅吸收均有抑制作用。

菌株 M2、M3、M4 和 M5 均显著提高了生菜体内的总铅含量，生菜体内总铅含量 M2 >M4> M3> M5，而菌株 M1 显著降低了生菜总铅量，与对照相比降低了 9.3%。菌株 M2 和 M3 可显著降低生菜根叶铅之比，与对照相比降低了 18.4% 和 15.4%，菌株 M1 则显著提高了生菜根叶铅之比，与对照相比提高了 9.4%，说明菌株 M1 抑制铅从根系向植株迁移。

各形态的铅含量铁锰结合态 > 碳酸盐结合态 > 交换态 > 有机态残 > 残渣态，并且随着土壤中铅浓度的增加各形态的铅含量也增加，在生菜中期和后期，在 3 个铅水平下，与对照相比，施加菌株各浓度均促进了有效态的交换态和碳酸盐结合态铅的形成，但却抑制了缓效态的铁锰结合态的形成。

第十章

耐铅菌株对高粱的生物效应

本试验盆栽用土取自山西农业大学建筑工地3m深的生土，属黄土母质发育的石灰性褐土，质地为轻壤土。取回土风干后，过3mm筛，充分混匀备用。其理化及生物性状如表10-1所示。

表10-1 供试土壤基本理化性状及其生物活性

碱解氮 mg/kg	速效 mg/kg	速效钾 mg/kg	有机质 g/kg	质 地	全铅 mg/kg
8.34	3.25	20.38	0.43	轻壤土	13.5
固氮菌数 10^3 个/g土	磷细菌数 10^4 个/g土	钾细菌数 10^3 个/g土	细菌数 10^6 个/g土	真菌数 10^3 个/g土	放线菌数 10^4 个/g土
3.41	4.62	2.95	3.95	1.12	3.19

采用盆栽法进行研究，种植作物为高粱（沈杂5号），试验设计为裂区设计。主浓度为加耐铅菌株浓度M1、M2、M3、M4和M5，和不加耐铅菌株的M0；副浓度为铅浓度，设三个水平，分别为：Pb1：铅浓度为500mg/kg Pb_2：铅浓度为1 000mg/kg，Pb_3：铅浓度为1 500mg/kg。每个浓度重复3次，随机排列。

一、试验实施与管理

本试验在山西农业大学资源环境学院日光温室内进行。所使用塑料盆的规格：高为36cm、上口直径为28.5cm、下口直径为23.5cm，每盆装风干土13kg。每个浓度中所施底肥N为0.1g/kg、P_2O_5为0.1g/kg、K_2O为0.1g/kg。底肥分别为尿素、磷酸二氢钾、氯化钾、鸡粪。即每盆中施加尿素2.8889g、磷酸二氢钾2.4901g、氯化钾0.6966g、鸡粪30g，粉碎混匀后分别按试验要求称好，2005年4月28日下午装盆，将肥料与土壤充分混匀后装盆，平衡一星期，于5月4日下午播种，播种前浇水至田间持水量的80%，每盆播入7粒种子，播后将所取出的土按顺序覆于其上，稍镇压。从5月8日开始，根据实际情况定量浇水。

二、样品的采集与浓度

高粱于当年9月26日收获，收获时分地上部和地下部分别采取，并用自来水和去离子水冲洗，用吸水纸吸干水分，105℃杀青30min，70℃烘干，直至恒重，称取干重后用不锈钢粉碎机粉碎，装于纸袋，贮于干燥器中待测。

三、分析项目与方法

植物铅含量：硝酸–高氯酸消煮法，原子吸收分光光度计法。

植物全氮：$H_2SO_4-H_2O_2$消煮，开氏法；

植物全磷：$H_2SO_4-H_2O_2$消煮，钒钼黄比色法；

植物全钾：$H_2SO_4-H_2O_2$ 消煮，火焰光度计法；

叶绿素：丙酮乙醇混合法。

采用 SAS 软件结合 Excel 进行试验结果的统计运算，然后对结果进行统计分析。

第一节 耐铅菌株对高粱生物量的影响

一、不同铅浓度耐铅菌株对高粱地上部生物量的影响

不同浓度高粱地上部生物量结果如图 10-1 所示，并对其进行显著性检验，检验结果列于表 10-2。从图 10-1 和表 10-2 可以看出，与对照相比，所有施加耐铅菌株的浓度除 M1 外，高粱地上部总生物量均有降低，M2、M3、M4 和 M5 浓度分别降低了 17.2%、16.4%、12.5% 和 12.4%，与对照相比差异均达到了显著水平。M1 浓度高粱地上部总生物量比对照略有提高，提高了 2.5%，差异不显著。以上分析说明施加菌株 M2、M3、M4 和 M5 均可促进地上部的生长。同时从表中可以看出，土壤铅浓度为 500mg/kg 时对高粱地上部生物量抑制作用最大的是菌株 M2，在 1 000mg/kg 和 1 500mg/kg 时促进作用最大的均是菌株 M3。

由图 10-1 和表 10-2 也可以看出，M0 浓度和施加菌株的浓度中高粱地上部生物量随铅浓度的增加而逐渐降低，M0 浓度中的副浓度之间均差异显著，但 M1、M2、M3、M4 和 M5 在铅浓度为 500mg/kg 和 1 500mg/kg 水平之间差异显著，在铅浓度为 500mg/kg 和 1 000mg/kg 水平之间差异不显著，

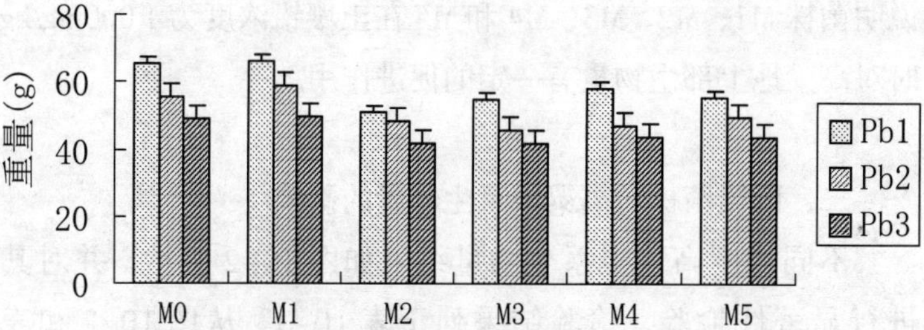

图 10-1　耐铅菌株对高粱地上部生物产量的影响（g/plant）

表 10-2　地上部生物量显著性检验结果

主浓度	平均值（g/plant）	显著性检验	副浓度	平均值（g/plant）	显著性检验
M1	58.04	a	Pb1	66.00	a
			Pb2	58.79	a
			Pb3	49.33	b
M0	56.62	a	Pb1	65.33	a
			Pb2	55.65	b
			Pb3	48.88	c
M5	49.60	b	Pb1	55.27	a
			Pb2	49.69	ab
			Pb3	43.83	b
M4	49.49	b	Pb1	58.15	a
			Pb2	46.95	ab
			Pb3	43.37	c
M3	47.34	b	Pb1	54.91	a
			Pb2	45.68	b
			Pb3	41.43	b
M2	46.84	b	Pb1	50.84	a
			Pb2	48.09	ab
			Pb3	41.60	b

说明菌株 M1、M2、M3、M4 和 M5 在土壤铅浓度为 1 000mg/kg 时对高粱地上部生物量有一定的促进作用。

二、耐铅菌株对高粱根系生物量的影响

不同浓度高粱根系生物量结果如图 10-2 所示，并对其进行显著性检验，检验结果列于表 10-3。从图 10-2 和表 10-3 可以看出，各浓度高粱根系生物量总量均值 M5> M2> M3>M0>M1>M4，与对照相比 M2、M3 和 M5 均提高了高粱根系的生物量分别增加了 5.8%、4.1% 和 18.2%，但只有 M5 与对照之间差异显著。M1 和 M4 浓度高粱根系生物量低与对照，分别降低了 11.9% 和 17.8%，且差异显著，说明 M1 和 M4 抑制了根系的生成。同时结合表可以看出，在 3 个铅水平下施加菌株 M5 对高粱根系生物量的促进作用最大。

由图 10-2 和表 10-3 也可以看出，各菌株在不同铅浓度下对高粱根系生物量的影响均表现出了较大差异。M0 浓度中高粱根系生物量随土壤铅浓度的增加而降低，且中高浓度和低浓度相比均达到了差异显著。M1、M4 和 M5 浓度中高

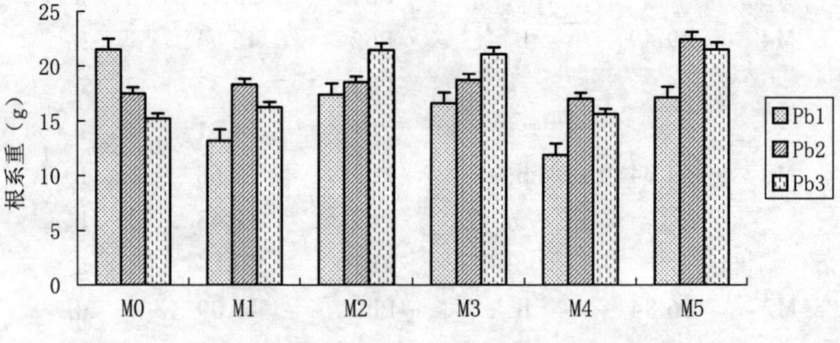

图 10-2　耐铅菌株对高粱根系生物量的影响（g/plant）

表 10-3 高粱根系生物量显著性检验结果

主浓度	平均值（g/plant）	显著性检验	副浓度	平均值（g/plant）	显著性检验
M5	21.37	a	Pb2	23.45	a
			Pb3	22.55	a
			Pb1	18.10	b
M2	19.12	ab	Pb3	21.47	a
			Pb2	18.50	ab
			Pb1	17.40	b
M3	18.82	ab	Pb3	21.10	a
			Pb2	18.75	ab
			Pb1	16.60	b
M0	18.07	b	Pb1	21.50	a
			Pb2	17.50	b
			Pb3	15.20	b
M1	15.91	e	Pb2	18.30	a
			Pb3	16.23	ab
			Pb1	13.20	b
M4	14.85	e	Pb2	17.02	a
			Pb3	15.63	a
			Pb1	11.90	b

梁根系生物量在土壤铅浓度为 1 000mg/kg 达到最大，分别为 18.30mg/kg、17.0mg/kg 和 23.4mg/kg，并均与铅浓度为 500mg/kg 时差异显著。M2 和 M3 浓度中高粱根系生物量随土壤铅浓度的增加而增加，且在铅为 500mg/kg 和 1 000mg/kg 水平之间差异显著，说明菌株 M2 和 M3 在高铅浓度下对根系生物量的促进作用最大。

三、耐铅菌株对高粱籽粒的影响

不同浓度高粱籽粒产量结果如图 10-3 所示，并对其进行显著性检验，检验结果列于表 10-4。从图 10-3 和表 10-4 可以看出，各浓度高粱籽粒产量总量均值 M1> M3> M0> M2> M4> M5，与对照相比，M1 和 M3 浓度提高了籽粒产量，分别提高了 13.2% 和 6.6%，但只有 M1 浓度与对照达到了差异显著水平。M2、M4 和 M5 浓度与对照相比分别降低了 1.6%、2.4% 和 20.9%，且只有 M5 与对照之间差异达到了显著水平。说明 M1 菌株可显著提高籽粒产量，而 M5 显著降低了籽粒的产量。同时，从表 10-4 中可以看出，土壤铅浓度为 500mg/kg 时对籽粒产量促进作用最大的是菌株 M3，在 1 000mg/kg 和 1 500mg/kg 时促进作用最大的均是菌株 M1。

由图 10-3 和表 10-4 也可以看出，M0 浓度和施加菌株的浓度中籽粒产量随铅浓度的增加而逐渐降低，浓度 M0、M1、M3 和 M4 均在铅水平为 500mg/kg 和 1 500mg/kg 之间达到了差异显著。浓度 M5 的 3 个副浓度之间均差异显著。

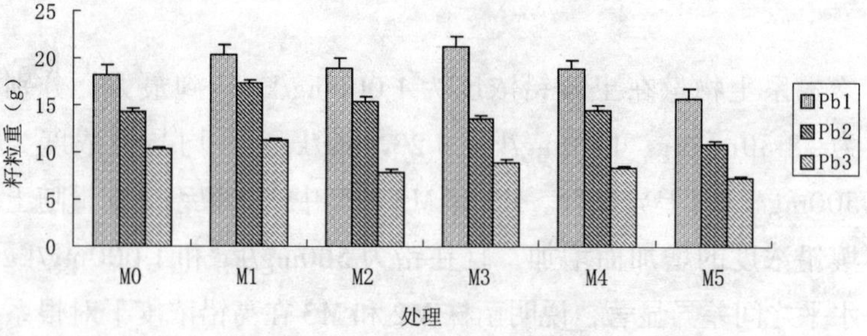

图 10-3　耐铅菌株对高粱籽粒重的影响（g/plant）

表 10-4　籽粒重显著性检验结果

主浓度	平均值（g/plant）	显著性检验	副浓度	平均值（g/plant）	显著性检验
M1	16.26	a	Pb1	20.35	a
			Pb2	17.25	a
			Pb3	11.17	b
M3	14.62	b	Pb1	21.30	a
			Pb2	13.55	b
			Pb3	9.00	b
M0	14.30	b	Pb1	18.30	a
			Pb2	14.30	a b
			Pb3	10.30	b
M2	14.07	b	Pb1	18.95	a
			Pb2	15.35	a
			Pb3	7.91	b
M4	13.95	b	Pb1	18.90	a
			Pb2	14.55	b
			Pb3	8.40	b
M5	11.30	c	Pb1	15.70	a
			Pb2	10.90	b
			Pb3	7.30	c

四、耐铅菌株对高粱百粒重的影响

不同浓度高粱百粒重的结果如图 10-4，并对其进行显著性检验，检验结果列于表 10-5。从图 10-4 和表 10-5 可以看出，各浓度高粱籽粒百粒重总量均值 M1>M3 >M2>M0>M4>M5，与对照相比，M1、M2 和 M3 浓度提高了籽粒产量，分别提高了 17.9%、2.9% 和 6.6%，仅 M1 浓度与对照达到了差异显著

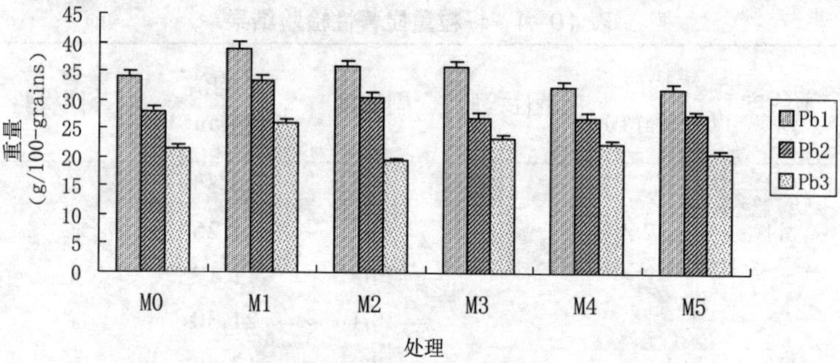

图 10-4 耐铅菌株对高粱百粒重的影响（g/100grains）

表 10-5 高粱百粒重显著性检验结果

主浓度	平均值（g/100grains）	显著性检验	副浓度	平均值（g/100grains）	显著性检验
M1	32.83	a	Pb1	39.0	a
			Pb2	33.5	ab
			Pb3	26.0	b
M3	28.83	b	Pb1	36.0	a
			Pb2	27.0	b
			Pb3	23.5	b
M2	28.67	b	Pb1	36.0	a
			Pb2	30.5	a
			Pb3	19.5	b
M0	27.83	b	Pb1	34.0	a
			Pb2	28.0	ab
			Pb3	21.5	b
M4	27.33	b	Pb1	32.5	a
			Pb2	27.0	ab
			Pb3	22.5	b
M5	26.83	b	Pb1	32.0	a
			Pb2	27.5	ab
			Pb3	21.0	b

水平。M4 与 M5 浓度的籽粒百粒重略低于对照，分别降低了 1.8% 和 2.1%，均未达到差异显著。由以上分析可以得出，菌株 M1 对高粱籽粒百粒重有显著促进作用。

由图 10-4 和表 10-5 也可以看出，M0 浓度和施加菌株的浓度中籽粒百粒重随铅浓度的增加而逐渐降低，均在铅水平为 500mg/kg 和 1 500mg/kg 之间差异达到了显著水平。

结合高粱产量来看，可以看出，高粱产量与籽粒百粒重的趋势基本保持一致，但除菌株 M1 与对照有差异外，其他浓度之间差异不显著，说明菌株 M2、M3、M4 和 M5 浓度中高粱产量的降低是不是因为籽粒百粒重的下降而引起的。

第二节　耐铅菌株对高粱叶绿素含量的影响

不同浓度高粱叶绿素结果如图 10-5 所示，并对其进行显著性检验，检验结果列于表 10-6。从图 10-5 和表 10-6 可以看出，与对照相比，M1、M2 和 M3 均提高了叶绿素的含量，分别提高了 27%、0.8% 和 4.1%，且仅有 M1 与对照相比差异达到了显著水平。浓度 M4 和 M5 叶绿素含量低于对照，分别降低了 13% 和 15%，并均与对照达到了显著水平，说明菌株 M4 和 M5 显著抑制了叶绿素的合成。同时，从表 10-6 中可以看出，在 3 个铅水平下施加菌株 M1 均可促进叶绿素的合成。

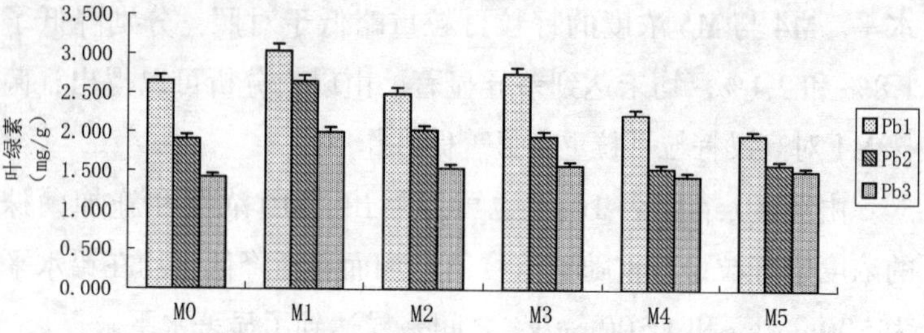

图 10-5　耐铅菌株对高粱叶绿素的影响（mg/g）

表 10-6　高粱叶绿素显著性检验结果

主浓度	平均值（mg/g）	显著性检验	副浓度	平均值（mg/g）	显著性检验
M1	2.56	a	Pb1	3.03	a
			Pb2	2.64	b
			Pb3	1.99	c
M3	2.09	b	Pb1	2.75	a
			Pb2	1.95	b
			Pb3	1.58	c
M2	2.02	b	Pb1	2.49	a
			Pb2	2.02	b
			Pb3	1.54	c
M0	2.01	b	Pb1	2.66	a
			Pb2	1.94	b
			Pb3	1.43	c
M4	1.74	c	Pb1	2.24	a
			Pb2	1.54	b
			Pb3	1.45	b
M5	1.69	c	Pb1	1.96	a
			Pb2	1.60	b
			Pb3	1.52	b

由图 10-5 和表 10-6 也可以看出，M0、M1、M2 和 M3 浓度叶绿素含量随土壤铅浓度的增加逐渐降低，且副浓度中均两两差异显著。M4 和 M5 浓度叶绿素含量也随土壤铅浓度的增加逐渐降低，低铅浓度与中铅和高铅浓度达到了差异显著，但中铅和高铅浓度之间差异不显著，说明菌株 M4 和 M5 在高铅浓度下对叶绿素的抑制作用降低。

第三节　耐铅菌株对高粱铅含量的影响

一、耐铅菌株对高粱茎铅含量的影响

不同浓度高粱茎铅含量结果如图 10-6 所示，并对其进行显著性检验，检验结果列于表 10-7。从图 10-6 和表 10-7 可以看出，各浓度高粱茎铅总量均值 M5> M4> M2> M3> M0> M1，与对照相比，M2、M3、M4 和 M5 浓度均提高了高粱茎铅含量，分别提高了 44%、41%、54% 和 55%，并均达到到了差异显著水平。M0 浓度高粱茎铅含量略比对照低，并也达

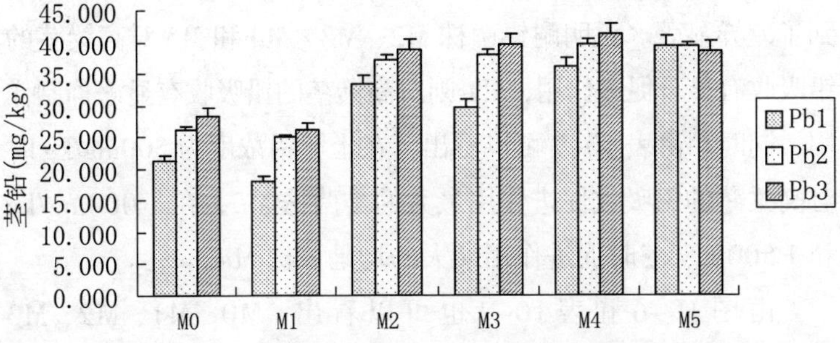

图 10-6　耐铅菌株对高粱茎中铅的影响（mg/kg）

表 10-7　高粱茎中铅显著性检验结果

主浓度	平均值（mg/kg）	显著性检验	副浓度	平均值（mg/kg）	显著性检验
M5	39.02	a	Pb1	39.373	a
			Pb2	39.213	a
			Pb3	38.483	a
M4	39.00	a	Pb3	41.193	a
			Pb2	39.713	a
			Pb1	36.083	b
M2	36.43	b	Pb3	38.747	a
			Pb2	37.194	a
			Pb1	33.343	b
M3	35.78	b	Pb3	39.520	a
			Pb2	38.103	a
			Pb1	29.723	b
M0	25.25	c	Pb3	28.374	a
			Pb2	26.130	a
			Pb1	21.273	b
M1	23.03	d	Pb3	26.073	a
			Pb2	24.953	a
			Pb1	18.053	b

到了差异显著。说明耐铅菌株 M2、M3、M4 和 M5 对高粱茎的铅吸收有显著促进作用，M1 则对高粱茎的铅吸收有显著抑制作用。同时，由表 10-7 可以看出，在土壤铅浓度为 500mg/kg 时对高粱茎的铅吸收促进作用最大的是菌株 M5，在 1 000mg/kg 和 1 500mg/kg 时促进作用最大的均是菌株 M4。

由图 10-6 和表 10-7 也可以看出，M0、M1、M2、M3 和 M4 浓度中高粱茎铅含量随土壤铅浓度的增加而增加，即均在土壤铅浓度为 1 500mg/kg 时茎铅含量达到最大值，分别为 28.4mg/kg、26.07mg/kg、38.7mg/kg 和 41.1mg/kg，且均在铅浓度为 500mg/kg 和 1 500mg/kg 之间差异达到显著水平。M5 浓度高粱茎铅含量随土壤铅浓度的增加而略有下降，且副浓度之间均差异不显著，说明铅浓度对菌株的影响较小。

二、耐铅菌株对高粱叶中铅含量的影响

不同浓度高粱叶铅含量结果如图 10-7 所示，并对其进行显著性检验，检验结果列于表 10-8。从图 10-7 和表 10-8 可以看出，各浓度高粱叶铅总量均值 M5> M4> M2> M3> M0> M1，与对照相比，M2、M3、M4 和 M5 浓度均提高了高粱叶铅含量，分别提高了 60%、56%、83% 和 85%，并与对照均达到了显著水平，但浓度 M2 和 M3、M4 和 M5 之间差异不显著。M1 浓度高粱叶铅含量略低于对照，但差异不显著。说明耐铅菌株 M2、M3、M4 和 M5 均可促进高粱叶对铅的吸收。同时，可以看出，在土壤铅浓度 500mg/kg 和 1 500mg/kg 时对高粱叶子铅吸收促进作用最大的是菌株 M5，在铅浓度 1 000mg/kg 时促进作用最大的是菌株 M4。

由图 10-7 和表 10-8 也可以看出，除了 M4 浓度外，其他浓度高粱叶铅含量随铅浓度的增加而增加，均在土壤铅浓度 1 500mg/kg 时达到最大，且 M1、M2 和 M3 中的副浓度之间均达到了差异显著水平，M5 的副浓度之间均差异不显著，由此可以说明铅浓度对 M5 菌株影响较小，M5 在低中高铅浓度均可发挥作用。M4 浓度高粱叶铅含量随土壤铅浓度的增加先增加后下降，且在铅为 1 000mg/kg 和 1 500mg/kg 水平之间

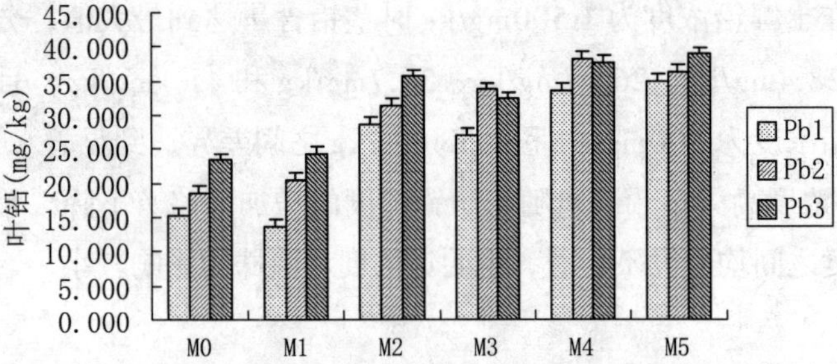

图 10-7 耐铅菌株对高粱叶中铅的影响（mg/kg）

表 10-8 高粱叶铅显著性检验结果

主浓度	平均值（mg/kg）	显著性检验	副浓度	平均值（mg/kg）	显著性检验
M5	36.7133	a	Pb3	38.8933	a
			Pb2	36.3600	a
			Pb1	34.8867	a
M4	36.4756	a	Pb2	38.1667	a
			Pb3	37.7000	a
			Pb1	33.5600	b
M2	31.8918	bc	Pb3	35.6243	a
			Pb2	31.3777	b
			Pb1	28.6733	c
M3	31.1022	c	Pb2	33.7667	a
			Pb3	32.4067	b
			Pb1	27.1333	c
M0	19.8311	d	Pb3	23.4943	a
			Pb2	18.6390	b
			Pb1	17.3600	b
M1	19.5067	d	Pb3	24.3400	a
			Pb2	20.5467	b
			Pb1	13.6333	c

差异不显著。说明各菌株 M2、M3、M4 和 M5 在土壤高中铅浓度下对高粱叶的铅吸收有一定的促进作用。

三、耐铅菌株对高粱籽粒铅的影响

不同浓度高粱籽粒铅结果如图 10-8 所示，并对其进行显著性检验，检验结果列于表 10-9。从图 10-8 和表 10-9 可以看出，各浓度高粱籽粒铅总量 M5>M4>M3>M2>M1>M0，与对照相比，施加菌株的浓度高粱籽粒铅含量均有所提高，且 M2、M3、M4 和 M5 浓度与对照相比均达到了显著水平，而 M1 与对照差异不显著，同时，可以看出，在 3 个铅水平下对高粱籽粒铅吸收促进作用最大的均是菌株 M5。

由图 10-8 和表 10-9 也可以看出，各浓度中高粱籽粒铅含量随土壤铅浓度的增加均呈上升趋势，均在土壤铅浓度 1 500mg/kg 时达到最大值，且在 M0、M1 和 M2 浓度中，都是高中浓度铅之间差异不显著，而与低浓度铅之间差异显著。M3 浓度中，3 个副浓度之间均差异显著，M5 浓度的 3 个副浓度之间差异都不显著，说明各菌株在土壤高铅浓度水平下均对

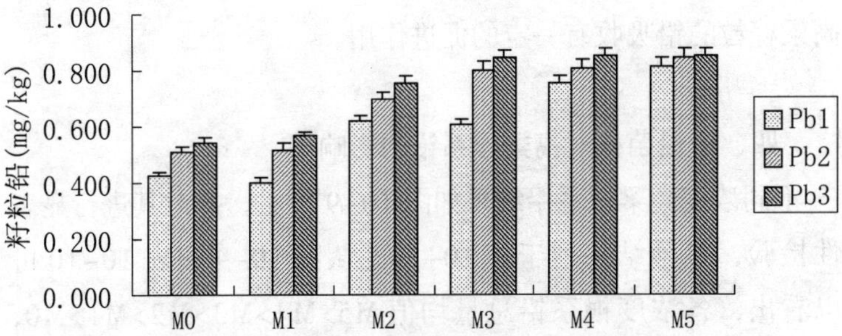

图 10-8 耐铅菌株对高粱籽粒中铅的影响

表 10-9 高粱籽粒铅显著性检验结果

主浓度	平均值（mg/kg）	显著性检验	副浓度	平均值（mg/kg）	显著性检验
M5	0.83	a	Pb3	0.85	a
			Pb2	0.84	a
			Pb1	0.81	a
M4	0.80	ab	Pb3	0.85	a
			Pb2	0.81	ab
			Pb1	0.75	b
M3	0.71	c	Pb3	0.80	a
			Pb2	0.74	b
			Pb1	0.60	c
M2	0.60	d	Pb3	0.67	a
			Pb2	0.62	a
			Pb1	0.52	b
M1	0.49	e	Pb3	0.57	a
			Pb2	0.52	a
			Pb1	0.40	b
M0	0.49	e	Pb3	0.55	a
			Pb2	0.51	a
			Pb1	0.42	b

高粱籽粒的铅吸收有一定的促进作用。

四、耐铅菌株对高粱根系铅的影响

不同浓度高粱根系铅结果如图 10-9 所示，并对其进行显著性检验，检验结果列于表 10-10。从图 10-9 和表 10-10 可以看出，各浓度根系铅总量均值 M5>M4>M3>M2>M1>M0，与对照相比，施加菌株的浓度高粱根系铅含量均有所提高，且

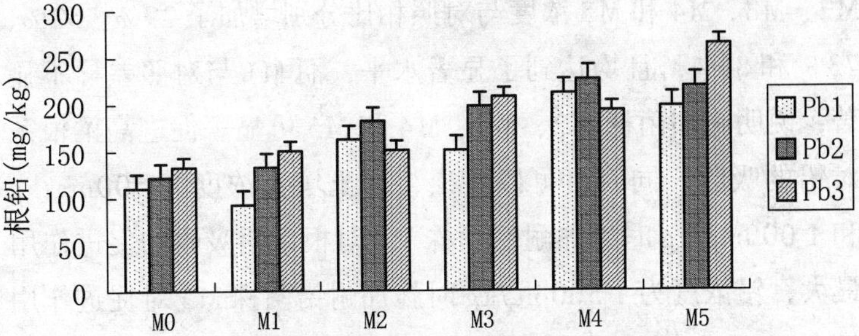

图 10-9 耐铅菌株对高粱根系铅的影响

表 10-10 高粱籽粒铅显著性检验结果

主浓度	平均值（mg/kg）	显著性检验	副浓度	平均值（mg/kg）	显著性检验
M5	226.7	a	Pb3	263.6	a
			Pb2	218.7	b
			Pb1	197.7	c
M4	210.3	b	Pb2	226.1	a
			Pb1	211.6	b
			Pb3	193.3	c
M3	185.1	c	Pb3	207.5	a
			Pb2	197.3	b
			Pb1	150.3	c
M2	156.9	d	Pb2	181.4	a
			Pb1	161.7	b
			Pb3	127.8	c
M1	124.8	e	Pb3	149.8	a
			Pb2	132.2	b
			Pb1	92.5	c
M0	121.4	e	Pb3	132.5	a
			Pb2	121.5	b
			Pb1	110.3	c

M2、M3、M4 和 M5 浓度与对照相比分别增加了 29%、52%、73% 和 86%，且均达到了显著水平，而 M1 与对照差异不显著，说明施加菌株 M2、M3、M4 和 M5 可显著促进高粱根系对铅的吸收。同时，可以看出，在土壤铅浓度为 500mg/kg 和 1 000mg/kg 时施加耐铅菌株 M4 对根系铅吸收的促进作用最大，铅浓度为 1 500mg/kg 时施加耐铅菌株 M5 对促进作用最大。

由图 10–9 和表 10–10 也可以看出，各菌株在不同铅浓度下对高粱根系铅吸收表现出一定的差异。M0、M1、M3 和 M5 浓度中根系铅含量随土壤铅浓度的增加而增加，且副浓度之间差异显著。而 M2 和 M4 浓度中根系铅含量表现为先上升后下降的趋势，均在铅浓度为 1 000mg/kg 时达到最大，分别为 181.3mg/kg 和 226.1mg/kg，且 M2 和 M4 中的副浓度也均两两差异显著，说明在低铅到中铅水平菌株 M2 对高粱根系的铅吸收是起促进作用的，而在高铅水平下，菌株所起的作用受到了限制，可能是铅浓度过高对菌株产生了一定的抑制。

五、耐铅菌株对高粱根系和籽粒铅含量之比的影响

不同浓度高粱根系籽粒铅之比结果如图 10–10 所示，并对其进行显著性检验，检验结果列于表 10–11。从图 10–10 和表 10–11 可以看出，高粱根系籽铅之比总量均值 M5>M4>M3>M2>M1>M0，与对照相比，各菌株均提高了根系籽铅之比，且菌株 M5 提高最多，提高了 9.7%，达到了差异显著水平，而菌株 M1、M2、M3 和 M4 与对照相比差异不显著，说明施加菌株可显著降低铅向籽铅迁移的可能。土壤铅浓度为

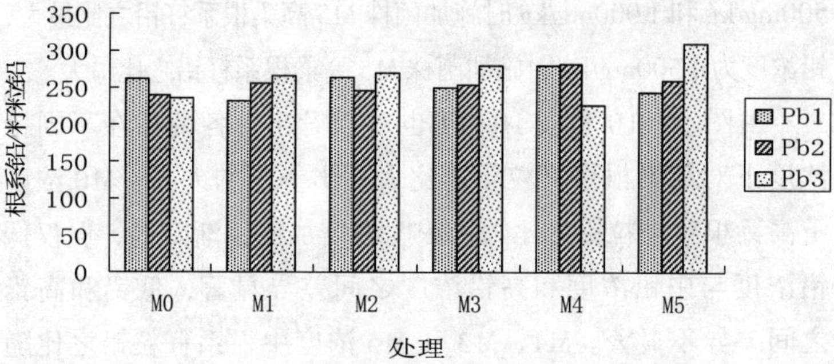

图 10-10 耐铅菌株对高粱根系籽粒铅之比的影响

表 10-11 高粱根系籽粒铅之比显著性检验结果

主浓度	平均值	显著性检验	副浓度	平均值	显著性检验
M5	270.6	a	Pb3	309.1	a
			Pb2	259.4	b
			Pb1	243.1	c
M4	263.0	ab	Pb2	281.4	a
			Pb1	281.0	a
			Pb3	226.6	b
M3	260.9	ab	Pb3	279.2	a
			Pb2	254.0	b
			Pb1	249.4	b
M2	259.9	ab	Pb3	269.5	a
			Pb1	263.3	a
			Pb2	246.9	a
M1	251.2	b	Pb3	265.2	a
			Pb2	255.9	a
			Pb1	232.5	a
M0	246.8	b	Pb1	261.8	a
			Pb2	240.0	a
			Pb3	238.8	a

500mg/kg 和 1 000mg/kg 时施加菌株 M5 高粱根系籽铅之比最大，铅浓度为 1 500mg/kg 时施加菌株 M5 高粱根系籽铅之比最大。

由图 10-10 和表 10-11 也可以看出，各菌株在不同铅浓度下对高粱根系籽粒铅之比表现出一定的差异。M0 浓度下高粱根系籽粒铅之比随铅浓度的增加而逐渐降低，但仅低铅浓度与中铅浓度和高铅浓度之间差异显著，低铅和高铅之间差异不显著。M1、M3 和 M5 浓度中根系籽粒铅之比随铅浓度的增加而逐渐升高，但 M1 中的副浓度之间差异均不显著，而 M5 和 M3 浓度中，高铅与低铅水平之间根系籽铅之比均达到差异显著水平，说明菌株 M3 和 M5 在高铅浓度下对根系籽铅之比的促进作用较大。M2 浓度中高粱根系籽粒铅之比先下降后升高，在土壤铅浓度为 500mg/kg 时达到最小，但 3 个副浓度之间均差异不显著。M4 浓度在土壤铅浓度为 500mg/kg 至 1 000mg/kg 时，高粱根系籽铅之比基本保持不变，但超过这一浓度便急剧下降，比低铅和高铅水平下降低了 19.8% 和 20.2%，并达到了显著水平。以上分析可知，菌株 M1、M2、M3 和 M5 在高铅浓度下对高粱根系籽粒铅之比的促进作用最大，说明在高铅浓度下它们可显著抑制铅向籽铅迁移。

第四节　耐铅菌株对高粱的生物效应

第一，菌株 M5 显著提高了高粱根系的生物量，与对照相比，提高了 18.2%。菌株 M1 和 M4 显著降低了高粱根系的生物量，比对照分别降低了 11.9% 和 17.8%。菌株 M2、M3、M4 和 M5 均可促进高粱地上部生物量的增加，与对照相比，分别增加了 17.2%、16.4%、12.5% 和 12.4%。

第二，菌株 M2、M3 和 M4 对高粱籽粒的和百粒重影响均不大，与对照相比，菌株 M1 不但显著提高了籽粒产量也显著提高了高粱百粒重，分别提高了 13.2% 和 17.9%。菌株 M5 可显著降低籽粒的产量，与对照比降低了 20.9%，但对高粱百粒重影响不大。

第三，菌株 M1 对高粱叶绿素的合成有显著促进作用，与对照相比，提高了 27%；而菌株 M4 和 M5 抑制了叶绿素的合成，比对照分别降低了 13% 和 15%。

第四，菌株 M2、M3、M4 和 M5 对高粱根、茎、叶和籽粒的铅吸收均有显著促进作用，菌株 M1 只对高粱茎的铅吸收有显著抑制作用。施加菌株的浓度除了 M5 外，均对高粱根系籽铅之比影响较小，而 M5 显著提高了高粱根系籽铅之比，与对照比提高了 9.7%，说明菌株 M5 可降低根系铅向系籽迁移的可能。

小 结

全书针对目前铅污染土壤生物修复的热点进行了讨论，当遭受铅污染的土壤需要边利用和边改良时，可选用低积累植物藜和新麦草，当污染土壤并不急于恢复农用时，可选用红叶苋和绿叶苋。菌株 M2、M3、M4 和 M5 促进植物地上部分铅的累积，M1 抑制生菜铅的吸收。M1、M2、M3、M4 和 M5 抑制土壤铅向铁锰结合态的转化。

周启星等提出应用生物修复的方法和技术，从生物学原理的高度解决污染环境特别是污染土壤的修复问题，对于实现人与自然的和谐发展具有重要的实践意义。生物修复是污染土壤修复发展的最新阶段，因而许多研究还只是处于基础阶段。从生物修复的近期发展来看，核心内容仍然是富集植物（低积累植物）和高效降解（固化）微生物的筛选及合理搭配、修复机理的探索和基于植物与微生物联合修复的根际圈效应、以广义生物修复为核心的联合修复以及修复强化措施的研究。

生物修复的实际应用不可避免地要利用分子生物学方法和农业高新技术，因此，环境科学与生物学、农学的交叉和融合可能会成为生物修复的新的学科增长点。在这种意义上，从该技术的前景来看，生物修复将逐渐成为最优化的一项综合的环境技术，在解决土壤污染问题上将成为根本的手段。

对于复合污染的生物修复，单一修复技术往往难以奏效，将不同修复技术有效结合，形成联合生物修复技术可更有效地达到降解、去除污染物的目的。在联合生物修复过程中，几种技术可以同时使用，也可在不同阶段分别使用，以提高处理效率。目前，比较成熟的方法是专性微生物与特异性植物相结合的生物修复技术。其中，特异性植物对生物修复的贡献可分为两大方面：①植物自身对污染物的吸收转化和富集作用；②提供微生物生存的有利生物条件，促进专性微生物对污染物的降解过程。特异性植物对污染物的吸收、富集受许多生物、化学条件的影响，如气温、降水、介质 pH 值、土壤黏粒含量、CEC、有机质含量及化学物质毒性等。

一些研究已表明，一些植物可与土壤有机质竞争吸收亲脂类化合物，一些植物的根与导管组织甚至可富集浓度很高的有机污染物，如 2，3，7，8- 四氯二苯并二（TCDD）。植物根际能产生多种分泌物如糖类、有机酸、氨化物和酶等，这些分泌物可改善土壤的微生物条件，加速土壤微生物的降解过程。植物根际分泌物对环境中污染物的微生物降解的促进作用主要表现在这样 4 个方面：①根际分泌物中含有微生物所需的营养和生长物质，根际环境可提高土壤中营养物的有效性，从而可促进微生物的生长与繁殖；②根际分泌物可在微生物代谢中起协调作用；③根际可为污染物降解微生物种群提供良好的栖息环境；④某些植物具有向根区输氧的功能，从而加速土壤微生物的好氧降解过程。

利用植物－微生物联合修复技术，主要优点在于不扰动土壤，可减少工作人员对污染物的暴露程度和暴露时间。对于应用于大范围的土壤污染修复工作，该方法同其他方法相比可能更为实用与有效。不过，有些污染物可能对植物产生毒害作用，有时需对积累污染物的植物进行再处理，同时修复周期也较长。然而由于受时间等因素的影响，本书并未对生物联合修复开展相应的试验探讨，然而这将会成为今后本领域研究的热点之一。

总之，应用生物系统对人为污染物进行有效清洁将成为是生物修复的目标。成功的生物修复需要多学科的共同合作，包括污染生物学、分子生物学与生物技术、土壤化学、植物学、微生物学和环境工程学。特别是，对生物技术方法与微生物学原理的深刻理解将有助于这一技术的进一步发展和更有效、更广泛的应用。通过吸收、借鉴、采纳已有生物修复的成功和失败的经验，特别是结合我国国情，加强研究，将会使我国污染土壤的生物修复的工作进入到一个崭新的阶段。

参考文献

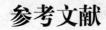

[1] Chen H M, Zheng C R.Effects of Different Lead ComPounds on Growth and Heavy Metal Uptake of Wetland Rice. Pedosphere, 1991, 1 (3): 253~264

[2] 中国环境监测总站.中国土壤元素背景值.北京：中国环境科学出版社，1990

[3] Allen P D, Mohammad Shokouhian, Shubei Ni. Loading estimates of lead, copper, cadmium, and zinc in urban runoff from specific sources. Chemosphere, 2001, 44 (5): 997~1009

[4] 何冰，杨肖娥，魏幼璋.铅污染土壤的修复技术.广东微量元素科学，2001，8 (9)：62~67

[5] Tiller K G. 土壤中的主要重金属和有毒重金属及其生态关系.土壤学进展，1987，15 (2)：37~43

[6] Milberg R P, Lagetrw erff J V, Donald L, *et al*. Soil lead accumulation alongside a newly constructed toadway. J. Envi-ron. Qual., 1980, 9 (1): 6~9

[7] 陈维新，张玉龙，陈中赫等.沈阳东郊沈抚公路两侧土壤铅含量分布规律的初步研究.农业环境保护，1990，9 (2)：10~13

[8] 李天杰等.土壤环境学.北京：高等教育出版社，1996

[9] 邢光惠，朱建国.土壤微量元素和稀土元素化学.北京：科学出版

社，2003

[10] McLaughlin M J，Parker D R，Clarke J M. Metals and micronutrients-food safety issues. Field Crops Research，1999，60（1~2）: 143~163

[11] 史崇文，王久志 . 土壤污染及其鉴别检测方法 . 北京：农业出版社，1994

[12] 李天杰等 . 土壤环境学 . 北京：高等教育出版社，1996

[13] 李学垣 . 土壤化学 . 北京：高等教育出版社，2001

[14] M ukherji S and M aitra P. Toxic effects of lead on growth and metabolism of germ inating rice（*Oryza saliva* L.）seeds and mitosis of on ion（*A llium cepa* L.）India Exp. Bio，1976，14 : 519 ~ 521

[15] 秦天才等 . 镉、铅及其相互作用对小白菜根系生理生态效应的研究 . 生态学报，1998，18（3）: 320~325

[16] Jarvis J C，Jones L H P，Hopper M J. Cadmium uptake from solution by plants and its transport from roots to shoots. Plant and Soil，1976，44 : 179~191

[17] Cataldo D A，Garland T R，Wildung RE. Cadmium up take kinetics in intact soybean plants. Plant Physiol，1983（73）: 844~848

[18] 赵可夫等 . 作物抗性生理 . 北京：农业出版社，1990

[19] 赵树兰等 . Pb^{2+} 与 Cd^{2+} 胁迫高羊茅初期生长生态效应研究 . 中国草地，2002，24（4）: 1~7

[20] 李玉红等 . 不同有机酸对水稻吸收铅的影响 . 南京农业大学学报，2002，25（3）: 45~48

[21] 孔志明 . 环境毒理学 . 南京：南京大学出版社，2004

[22] 杨志新等 . Pb、Cd、Zn 单因素及复合污染对土壤酶活性的影响 . 土壤与环境，2000，9（1）: 15~18

[23] 和文祥 . 土壤酶与重金属关系的研究现状 . 土壤与环境，2000，9（2）: 139~142

[24] 赵春燕等 . 重金属对土壤微生物酶活性的影响 . 土壤通报，2001，32

(2):92~94

[25] 史长青.重金属污染对水稻土酶活性的影响.土壤通报，1995，26(1):34~35

[26] 杨元根等.城市土壤中重金属元素的积累及其微生物效应.环境科学，2001，22(3):44~48

[27] Lin Z X，Harso K，Ahlgren M，*et al*. The source and fate of Pb in contaminated soils at the urban area of Falun in central Sweden. Science of the Total Envrionment，1998，209(1):47~58

[28] Kandeler E，Lufienegger G，Schwarg S. Influence of heavy metals on the functional diversity of soil microbial communities. Bilogy and Fertility of Soils，1997，23:299~306

[29] Khan K S，Xie Z M，Huang C Y. Effects of cadmium，lead and zinc on size of microbial biomass in red soil. PedospHere，1998 A，8:27~32

[30] Wilke B M. Long-term effects off different inorganic pollutants on nitrogen transformations in a sandy cambisol. Biol Fertil Soils，1989，7:254~258

[31] 伍钧，孟晓霞，李昆.铅污染土壤的植物修复研究进展.土壤(Soils)，2005，37(3):258~264

[32] Wozny A，Schneider J，Goozdz EA. The effect of lead andkinetin on green barley leaves. Biology Plant，1995，37:541~552

[33] 匡少平，徐仲，张书圣.玉米对土壤中重金属的吸收特性及污染防治.安全与环境学报，2002，2(1):28~31

[34] 叶春和.紫花苜蓿对铅污染土壤修复能力及其机理研究.土壤与环境，2002，11(4):331~334

[35] 江行玉，赵可夫.铅污染下芦苇体内铅的分布和铅胁迫相关蛋白.植物生理与分子生物学学报，2002，28(3):169~174

[36] 周鸿，刘成远.玉米幼根对铅的吸收途径及有关的两种酶活性变化初探.环境科学学报，1986，6(1):66~70

[37] 刘云惠，魏显有，王秀敏等．土壤中铅镉的作物效应研究．河北农业大学学报，1999，22(1)：24~28

[38] Baker A J M. Metal to lerance. New Phytol.，1987，106：93~111

[39] 何冰，叶海波，杨肖娥．铅胁迫下不同生态型东南景天叶片抗氧化酶活性及叶绿素含量比较．农业环境科学学报，2003，22（3）：274~278

[40] 江行玉，赵可夫．植物重金属伤害及其抗性机理．应用与环境生物学报，2001，7（1）：92~99

[41] Marschner H. Mineral nutrition of higher plants. San Diego. CA, USA：Academic Press，1995

[42] 杨仁斌，曾清如．植物根系分泌物对铅锌尾矿污染土壤中重金属的活化效应．农业环境保护，2000，19（3）：152~155

[43] Tater E，Mihucz V G，Varga A，*et al*. Determination of organic acids in xylem sap of cucumber：Effect of lead contamination. Microchem.J.，1998，58：306~314

[44] Shen Z G，Zhao F J，McGrath SP. Uptake and transport of zinc in the hyperaccumulator Thlaspi caerule Scences and the non-hyperaccumulator Thlaspi ochroleucum plant .Cell. Environ.，1997，20：898~906

[45] Margoshes M，Vallee B L. A cadmium protein from equineKidney corter. Chem.Soc.，1957，79：4813~4814

[46] Gill E，Winnacker E L，Zenk M H. Phytochelatins：The principal heavy metal complexing peptides of higher plants.Science，230：1985，674~676

[47] 李铉，郝守进，刘颖等．金属硫蛋白的 α、β 结构域与铅结合形式及稳定性的研究．卫生研究，2001，30（4）：198~200

[48] 贺卫国，褚德萤．一种新型结构的金属硫蛋白——Pb-MT'．高等学校化学学报，1999，20：248~250

[49] GuptaM, RaiN U, Tripathi D R, *et al*. Lead induced changes inglutathione and phytochelatin in Hydrilla verticillata (L.f.) Royle.ChemospHere, 1995, 30 (10): 2011~2020

[50] Mukherji S, Maitra P. Toxic effects of lead on growth and metabolism of germinating rice (*Oryza sativa* L.) seeds and mitosis of onion (*Allium cepa* L.) . IndiaJ. Exp.Biol., 1976, 14 : 519~521

[51] Pawlik-Skowronska B. Relationship between acid-soluble thiolpeptides and accumulated Pb in the green alga Stichococcus bacillaris .AquaticToxicol., 2000, 50 : 221~230

[52] Nishizono H. The role of the root cell wall in the heavy metal tolerance of Athyrium yokoscense . Plant Soil, 1987, 101 : 15~20

[53] 杨居荣，鲍子平，张素芹 . 镉铅在植物体内的分布及其可溶性结合形态 . 中国环境科学，1993，13 (4): 263~268

[54] Rauser W E. Phytochelations and related peptides structure, biosynthesis and function. Plant Physiol., 1995, 109 : 1141~1149

[55] Chen X T, Wang G, Liang Z C. Effect of amendments on growth and element uptake of Pakchoi in a cadmium, zinc and lead contaminated soil. Pedosphere, 2002, 12(3): 243~250

[56] Zhuang J, Yu G R, Liu X Y. Characteristics of lead sorption on clay minerals in relation to metal oxides. Pedosphere, 2000, 10 (1): 11~20

[57] Zhao X L, Qing C L, Wei S Q. Heavy metal runoff in relation to soil characteristics. Pedosphere, 2001, 11(2): 137~142

[58] Li Y M, Chaney R L, Angle J S, Chen K Y, Kerschner B A, Baker A J M. Genotypical difference in zinc and cadmiumhyperaccumulation in Thlaspi caerulescences. Agron. Abstr., 1996, 27

[59] Harter D D. Effect of soil pH on adsorption of lead, copper, zinc and nickle. Soil Sci. Soc. Am. J., 1983, 47 : 47~51

[60] 夏增禄 . 中国土壤环境容量 . 北京：地震出版社，1992
[61] 郑春荣，陈怀满 . 土壤 - 水稻体系中污染重金属的迁移及其对水稻的影响 . 环境科学学报，1990，10(2)：145~152
[62] 李伟，张竟，张晓钰等 . 转金属硫蛋白 aa 突变体基因的矮牵牛对铅的抗性及富集的研究 . 生物化学与生物物理进展，2001，28(3)：405~409
[63] Grichko V P. Increased ability of transgenic plants expressing the bacterial enzyme ACC deaminase to accumulate Cd，Co，Cu，Ni，Pb and Zn. Journal of Biotechnology，2000，81：45~53
[64] Baker A J M. Accumulators and excluders-strategies in the response of plants to heavy metals. Journal of Plant Nutrient 1981，(3)：643~654
[65] Wenzel W W，Bunkowski M，Puschenrerter M，*et al*. Rhizosphere characteristics of indigenously growing nickel hyperaccumulator and excluder plants on serpentine soil. Environmental Pollution，2003，123：131~138
[66] Poschenrieder C，Bech J，Llugany M，*et al*. Copper in plant species in a copper gradient in Catalonia (North East Spain) and their potential for phytoremediation. Plant and Soil，2001，230：247~256
[67] Seregin I V，Kozhevnikova A D，Kazyumina E M，*et al*. Nickel toxicity and distribution in Maize roots. Russian Journal of Plant Physiology，2003，50(5)：711~717
[68] Brewin L E，Mehra A，Lynch P T，*et al*. Mechanisms of copper tolerance by Armeria maritima in Dolfrwynog Bog，North Wales-Initial studies. Environmental Geochemistry and Healty，2003，25：147~156
[69] Wei Shuhe，Zhou Qixing，Wang Xin，*et al*. Potential of weed species

applied to remediation of soils contaminated with heavy metal. Journal of Environmental Sciences，2004，16（5）：868~873

［70］魏树和，周启星，刘睿．重金属污染土壤修复中杂草资源的利用．自然资源学报，2005，20（3）：432~440

［71］山西农业大学植物生理教研室．植物生理实验指导，1989

［72］鲍士旦主编．土壤农化分析（第三版）．北京：中国农业出版社，2000

［73］Tessier A，Combell P G C，Bisson M. Sequential extraction procedure for the speciation of particulate trace metal. Analytical Chemistry，1979，51：844~850

［74］中国环境监测总．土壤元素的近代分析方法．北京：中国环境科学出版社，1992

［75］沈萍，范秀荣，李广武．微生物学实验（第三版）．北京：高等教育出版社，1999

［76］关松荫．土壤酶及其研究方法．北京：农业出版社，1990

［77］刘秀梅．重金属铅污染土壤的植物修复研究．山东农业大学硕士学位论文，2002

［78］张乃明，段永蕙．毛昆明．土壤环境保护．北京：中国农业科学技术出版社，2002

［79］朱海江．水稻对重金属铅的吸收积累特征及其农艺调控研究．浙江大学硕士论文，2004

［80］石汝杰，陆引罡，丁美丽．植物根际土壤中铅形态与土壤酶活性的关系．山地农业生物学报，2005，24（3）：225~229

［81］孙兆海，郑春荣，周东美．土壤铅污染对青菜和蕹菜生长及脲酶活性的影响．农村生态环境，2005，21（1）：38~43

［82］Cunninngham S D. Phytoremediation of contaminated soil. Trend Biotechnol.，1995，13（9）：393~397

［83］张丽红，徐慧珍，于青春等．河北清苑县及周边农田土壤及农作

物中重金属污染状况与分析评价 . 农业环境科学学报，2010，29（11）: 2139~2146

[84] 洪坚平 . 土壤污染与防治（第 2 版）. 北京：中国农业出版社，2005

[85] Ma L Q，Rao G N.Chemical fraction of cadmium，copper，nickel，and zinc in contaminated soils. Journal of Environmental Quality，1997，26 : 259~264

[86] Chaignon V，Bedin F，Hinsinger P.Copper bioavailability and rhizosphere pH changes as affected by nitrogen supply for tomato and oilseed rape cropped on an acidic and a calcareous soil. Plant and Soil，2002，243（2）: 219~228

[87] Silveira M L，Alleoni L R F，O'Connor G A，*et al.*Heavy metal sequential extraction methods : A modification for tropical soils. Chemosp Here，2006，64（11）: 1929~1938

[88] Zhang X F，Xia H P，Li Z A，*et al.*Potential of four forage grasses in remediation of Cd and Zn contaminated soils. Bioresource Technology，2010，101（6）: 2063~2066

[89] 白彦真，谢英荷 . 铅对山西省路域优势草本植物生长的影响及铅累积特征 . 应用生态学报，2011，22（8）: 1987~1992

[90] 王友保，张莉，张凤美等 . 大型铜尾矿库区节节草（*Hippochaete ramosissimum*）根际土壤重金属形态分布与影响因素研究 . 环境科学学报，2006，26（1）: 76~84

[91] 国家环境保护局. GB 15618-1995 土壤环境质量标准. 北京：中国标准出版社，1995

[92] Clemente R，Dickinson N M，Lepp N W.Mobility of metals and metalloids in a multi-element contaminated soil 20 years after cessation of the pollution source activity. Environmental Pollution，2008，155（2）: 254~261

[93] Kong L C, Bitton G.Correlation between heavy metal toxicity and metal fractions of contaminated soils in Korea. Bulletin of Environmental and Contamination Toxicology, 2003, 70（3）: 557~565

[94] 李廷强，朱恩，杨肖娥等.超积累植物东南景天根际土壤酶活性研究.水土保持学报，2007，21（3）: 112~117

[95] 陈有，黄艺，曹军等.玉米根际土壤中不同重金属的形态变化.土壤学报，2003，40（3）: 367~373

[96] 李廷强，杨肖娥，龙新宪.东南景天提取污染土壤中锌的潜力研究.水土保持学报，2004，18（6）: 79~83

[97] 蔡信德，仇荣亮，汤叶涛等.外源镍在土壤中的存在形态及其与土壤酶活性的关系.中山大学学报（自然科学版）.2005，44（5）: 93~97

[98] 李影，陈明林.节节草生长对铜尾矿砂重金属形态转化和土壤酶活性的影响.生态学报，2010，30（21）: 5949~5957

[99] Cunningham S D, Berti W R, Huang J W.Phytoremediation of contaminated soils.Trends in Biotechnology, 1995, 13（9）: 393~397

[100] 旷远文，温达志，钟传文等.根系分泌物及其在植物修复中的作用.植物生态学报，2003，27（5）: 709~717

[101] Shuman L M, Wang J.Effect of rice variety on zinc, cadmium iron and manganese content in rhizospHere and non-rhizosphere soil fractions.Comm.Soil Sci.Plant Anal., 1997, 28 : 23~36

[102] 白彦真，谢英荷，陈灿灿等.14 种本土草本植物对污染土壤铅形态特征与含量的影响.水土保持学报，2012，26（1）: 136~140

[103] 白彦真，谢英荷，张小红.重金属污染土壤植物修复技术研究进展.山西农业科学，2012，22（3）: 8~10

[104] Chen H M, Zheng C R.Effects of Different Lead ComPounds on

Growth and Heavy Metal Uptake of Wetland Rice. *Pedosphere*, 1991, 1（3）: 253~264

[105] 何冰，杨肖娥，魏幼璋．铅污染土壤的修复技术．广东微量元素科学，2001，8（9）: 62~67

[106] 李天杰等．土壤环境学．北京：高等教育出版社，1996

[107] 邢光憙，朱建国著．土壤微量元素和稀土元素化学．北京：科学出版社，2003

[108] McLaughlin M J, Parker D R, Clarke J M. Metals and micronutrients-food safety issues. Field Crops Research, 1999, 60（1~2）: 143~163

[109] 史崇，文王久志．土壤污染及其鉴别监测方法．北京：农业出版社，1994

[110] 杨秀丽，王学杰．重金属污染土壤的化学治理和修复．浙江教育学院学报，2002（2）: 55~61

[111] 张健，孙根年．土壤重金属污染与植物修复研究进展．云南师范大学学报，2004（24）: 52~57

[112] 张温典，姚钢乾．环境污染及其生物修复的研究．承德民族师专学报，2004，24（2）: 54~61

[113] 白淑兰，房耀维，赵春杰．菌根技术在重金属污染修复中的研究与展望．生态环境，2004，13（1）: 92~94.

[114] 王保军．微生物与重金属的相互作用．重庆环境科学，1996，18（1）: 35~38

[115] 刘清标等．利用小球藻 *Chlorella vulgaris* 吸收氮、磷及重金属．中国农业化学志，1996，34（3）: 331~343

[116] 况琪军等．重金属对藻类的致毒效应．水生生物学报，1996，20（3）: 277~283

[117] 王连生．环境化学进展．北京：化学工业出版社，1995

[118] 王保军．烟草头孢霉 F2 对氯化汞解毒作用的研究．环境科学学报，

1992，12（3）：275~278

［119］李志超．微生物对甲基汞的降解作用．环境科学，1984，5（3）：61~64

［120］杨惠芳等．蓟运河下游河段中抗汞细菌的生态分布．生态学报，1986，6（2）：120~127

［121］林力．生物整治技术进展．环境科学，1997，18（3）：67~71

［122］吴方正．土壤 PAHs 污染及其生物治理技术进展．土壤学进展，1995，4（1）：32~44

［123］Frodrickson J.K，*et al*. In-situ and on-situ Bioremediation Environment a I scicence Tecnology，1993，27（9）：1711~1716

［124］李阜棣，胡正嘉．微生物学（第五版）．北京：中国农业出版社，1999

［125］中国科学院微生物研究所细菌分类组．一般细菌常用鉴定方法．北京：科学出版社，1978

［126］阎逊初．放线菌的分类和鉴定．北京：科学出版社，1992

［127］中国科学院微生物研究所《常见与常用真菌》编写组．常见与常用真菌．北京：科学出版社，1973

［128］王亚雄，郭瑾珑，刘瑞霞．微生物吸附剂对重金属的吸附特性．环境科学，2001，22（6）：72~75

［129］林稚兰，田哲贤．微生物对重金属的抗性及解毒机理．微生物学通报，1998，25（1）：68~72

［130］苏正淑．几种测定植物叶绿素含量的方法比较．植物生理学通讯，1989，25（5）：77~78

［131］李合成．植物生理生化实验原理和技术．北京：高等教育出版社，2000

附　录

附录 1　土壤环境质量标准值（mg/kg）（GB 15618—1995）

级别		一级	二级			三级
土壤 pH 值项目		自然背景	＜6.5	6.5~7.5	＞7.5	＞6.5
镉 ≤		0.2	0.3	0.6	1	
汞 ≤		0.15	0.3	0.5	1	1.5
砷	水田 ≤	15	30	25	20	30
	旱地 ≤	15	40	30	25	40
铜	农田等	35	50	100	100	400
	果园 ≤	—	150	200	200	400
铅 ≤		35	250	300	350	500
铬	水田 ≤	90	250	300	350	400
	旱地 ≤	90	150	200	250	300
锌 ≤		100	200	250	300	500
镍 ≤		40	40	50	60	200
六六六 ≤		0.05	0.5			1
滴滴涕 ≤		0.05	0.5			1

附录 2　饲料、饲料添加剂卫生指标（Pb）（GB 13078-2001）

产品名称	指标	备注
生长鸭、产蛋鸭、肉鸭配合饲料、鸡配合饲料、猪配合饲料	≤ 5	
奶牛、肉牛精料补充料	≤ 8	
产蛋鸡、肉用仔鸡浓缩饲料，仔猪、生长肥育猪浓缩饲料	≤ 13	以在配合饲料中 20% 的添加量计
骨粉、肉骨粉、鱼粉、石粉	≤ 10	
磷酸盐	≤ 30	
产蛋鸡、肉用仔鸡复合预混合饲料，仔猪、生长肥育猪复合预混合饲料	≤ 40	以在配合饲料中 1% 的添加量计

注：铅（以 Pb 计）的允许量（每千克产品中）mg（GB/T 13080）